Osprey Men-at-Arms
オスプレイ・ミリタリー・シリーズ

世界の軍装と戦術
3

第二次大戦の
ドイツ軍婦人補助部隊

[著]
ゴードン・ウィリアムソン
[カラー・イラスト]
ラミロ・ブヘイロ
[訳]
平田光夫

World War II
German Women's Auxiliary Services

Text by
Gordon Williamson

Illustrated by
Ramiro Bujeiro

大日本絵画

目次 contents

3	序章 INTRODUCTION
4	陸軍補助婦隊と国防軍補助婦隊 MILITARY AUXILIARIES: ARMY & ARMED FORCES
11	海軍 NAVY
16	空軍 AIR FORCE
23	民間団体および党の補助婦隊 CIVIL & POLITICAL AUXILIARIES
45	税関補助婦 ZOLL HELFERINNEN
25	カラー・イラスト THE PLATES
48	カラー・イラスト 解説

◎著者紹介

ゴードン・ウィリアムスン
Gordon Williamson
ゴードン・ウィリアムスンは1951年生まれ、現在はスコットランドの土地登記局に勤務している。国防義勇軍憲兵を7年間勤め、第三帝国の勲章とその受章者について数多くの書籍と記事を執筆してきた。オスプレイ社からも第二次世界大戦に関する書籍を多数上梓している。

ラミロ・ブヘイロ
Ramiro Bujeiro
ラミロ・ブヘイロは熟達した商業イラストレーターである。アルゼンチンのブエノス・アイレスで生まれ育ち、現在も同市で生活と仕事を営む。彼は人物イラストレーター兼連載漫画家として、欧州と南北米諸国で幅広く活躍しており、イギリスの大手雑誌出版社IPCマガジンズでの長年にわたる作品群もその一部である。彼が最も関心を持っているのは、20世紀前半のヨーロッパの政治・軍事史である。オスプレイ社の書籍でも、10冊以上に彼のイラストが掲載されている。

＊翻訳にあたっては『Osprey Men-at Arms 393・World War II German Women's Auxiliary Services』の2003年に刊行された版を原本としました。本文の［　］内は訳者注です。［編集部］

序章
INTRODUCTION

ドイツの第三帝国時代の大部分において、伝統的な職種（秘書、事務員など）を除き、女性が働くことに対する抵抗感はかなり根強かった。ヒトラーの女性に対する意識は極めて狭量で、女性は家庭にしっかりと留まり、夫と子供の世話に励むべきだとしていた。特に子供に関しては産めよ殖やせよと、正式な「国家表彰記章（ムッタークロイツ：Mutterkreuz＝母十字章）」を制定し、祖国のために産める限りの子を出産した女性を表彰していた。ヒトラーの保守的な家庭観は、当然ながらドイツ人女性の社会進出に否定的だった。健康な男性たちが召集されて前線部隊に送られたため、戦時体制下の経済界では、以前よりも工場労働者の需要が増大した。間もなく伝統的に男性の仕事とされていた職業に女性が進出し始めたが、それはまず産業界が最初で、次が制服を着る仕事だった。その新たな仕事とは、路面電車の車掌から軍の通信手や防空隊のサーチライト要員まで、さまざまだった。少数ではあるが、軍から殊勲章を授与された女性もいた。とはいえ、第三帝国では女性が前線の戦闘部隊に配属されることは決してなかったのに対し、その敵であるソヴィエト連邦では女性が戦闘機パイロット、戦車操縦手、果ては狙撃兵までを務めていた。

戦時中のイメージに見る、帝国国鉄（Reichsbahn）の補助婦。こうしたポスターやイラストなどでは、仕事の様子が実際よりもはるかに魅力的に描かれるのが常だった。(Otto Spronk)

くつろぐ陸軍通信補助婦たち（Nachrichtenhelferinnen des Heeres）。グレーのブラウスの上に、取り外し式の白襟が付いた作業用スモックを着ているが、どちらの服にも右胸に鷲と鍵十字からなる陸軍型の国家徽章が付いているのに注意。イラストB1参照。
(Courtesy Brian L. Davis)

陸軍補助婦隊と国防軍補助婦隊
MILITARY AUXILIARIES: ARMY & ARMED FORCES

陸軍には第一次世界大戦前から女性を補助部隊員として採用していた長い歴史があったにもかかわらず、1937年3月12日に発令された陸軍（Heer）の動員令に、女性の召集と配属の再開については一言も記されていなかった。その一因としては、電撃戦が実施されるならば、戦闘で消耗を強いられる期間はごく短いはずなので、婦人補助部隊を設立する必要はないという考え方があった。またこの決定には、ドイツ社会で女性が果たすべき役割について、ヒットラーが極めて保守的な価値観を持っていたことが影響していたのも間違いない。

フランスが降伏し、西ヨーロッパの半分以上が占領され、西部戦役が成功裏に終わると、膨大な数の人員増員の需要を満たすには、婦人補助部隊の導入以外に方法がないことが明確化した。占領地の統治は主に陸軍が行なっていたが、莫大な数の事務職と管理職のポストを埋める必要が生じ、それには女性が最適であると考えられた。こうした職種に婦人補助員を充てることにより、戦闘部隊に振り向けられる男性の捻出も可能になる。当時の規定では、こうした女性職員たちは陸軍に雇用された民間人と位置づけられていた。

こうして1940年10月1日に通信補助婦隊（Nachrichtenhelferinnen）が編成された。これはその後設立されるさまざまな補助婦隊の先触れでしかなかった。1941年には福利厚生補助婦隊（Betreuungshelferinnen）が、1942年には本部付補助婦隊（Stabshelferinnen）と雑役補助婦隊（Wirtschaftshelferinnen）が、そして1943年にはなんと調馬婦隊（Bereiterinnen）までもが編成された。こうした補助婦隊には相当な数の志願者が応募したにもかかわらず、需要はたちまち供給を追い抜いてしまった。1941年には新たにいくつかの法案が通過し、18歳から40歳までの女性への軍務義務化構想（Dienstverpflichtung）が導入された。これらの諸法案が全面的に実施されることはついになかったが、その裏には例のヒットラーの、女性は兵士には適さないという否定的な考えの影響もあっただろう。最終的に1944年11月29日をもって、三軍すべてに属する補助婦隊は、国防軍補助婦隊（Wehrmachthelferinnen）に統合された。

ドイツ陸軍における女性の位置づけは、ややあいまいだった。彼女たちには軍法と軍紀の完全遵守が求められたが、兵士としての法的地位は認められていなかった。国防軍最高司令部は大原則として、女性が銃を手にして戦闘に参加したり、「戦闘」状態に巻き込まれる可能性のある任務に就いてはならないと表明していた。実際には、この原則は緩められることもあった。防空任務にあたっていた数多くの女性たちは戦闘員となる可能性もあったし、他にもドイツ国外の前線部隊で通信手を務める女性たちもいた。軍

陸軍の通信補助婦。ネクタイのブローチが印象的。制帽前面にあたるフラップの「スキャロップ（円弧切り欠き）」部のパイピングと、クラウンよりはフラップに取り付けられることの多かった国家徽章に注意。階級章のある左袖は見えないが、帽子の黄色コードのパイピングが撚り仕上げらしいことから、彼女は1942年3月25日の改正で下級指導婦になったと推測される。（Otto Spronk）

服に身を包む女性たちがその後、戦闘員としての法的地位を認められたのは、1944年8月28日の通達によってだった。

　ドイツ帝国本土外で国防軍の補助婦隊に勤務する女性は、原則的に制服を着用しなければならないという決定が1942年に下されると、補助婦への制服の支給が追いつかなくなるという問題が発生した。それ以降、ドイツ軍で働く女性たちは、国防軍の制服よりも、作業用のスモックやワンピースを着用することが多くなった。

鉄十字章受章者
Iron Cross Award

　勇気ある行為に対して鉄十字章を授与された補助婦はごく少数だったが、その受章理由は、大戦末期に敵砲火の下でも任務を果たし続けた、あるいは負傷した戦友の救助に貢献したなどだった。以下の本部付補助婦と通信補助婦たちが、国防軍のうち陸海空軍のいずれに属していたかは不明である。本部付補助婦ヒルデガルト・ヴォルニ、国防軍補助婦アリツェ・ベンディッヒおよびヒルデガルト・ボールガルト（1945年3月）。通信補助婦マルガレーテ・ヒルゼコルン（1945年4月）。またレニ・シュタリネクという義勇兵部隊（Freiwillige）の兵が1945年3月に鉄十字章を授与されており、他にも終戦間際の1945年5月にエリカ・シュトールベルクが受章している。やはり彼女たちの所属部隊も不明である。

　補助婦隊の部隊構成を知るため、以下に各組織の目的と任務の概略をまとめた。

陸軍通信補助婦隊
Army Signals Auxiliaries(Nachrichtenhelferinnen des Heeres)

　陸軍通達第1085号40頁により、1940年10月1日に通信補助婦隊が設立された。この隊は、その短い歴史の始めから終わりまで、赤十字社などの他の婦人団体からの転出者、新規の志願者からなる混成部隊で、さらに末期には徴集者までもが加わった。

　これらの補助婦隊の基本単位は班（Kameradschaft）で、これは1名の上級補助婦（Oberhelferin）とさらに11名以下の補助婦（Helferin）からなっていた。どの隊でもこうした班が2個から5個集まり、組（Zug）という小隊にほぼ相当す

この陸軍本部付指導婦たちは、襟と制帽に金色のパイピングがあり、両襟の角に金色の山形章1個を付けている。通信隊の「電光」章が左袖上腕部にあり、これにも金色コードの縁取りがある。右後方はヴォルフガンク・リュッツで、のちにUボートエースとしてダイヤモンド剣付柏葉騎士十字章を受章した。イラストA2参照。（U-Boot Archiv）

る単位を構成し、指導婦（Führerin）という階級の1名の女性によって指揮された。こうした組が2個から4個集まり、中隊に相当する活動隊（Bereitschaft）を構成し、その指揮には上級指導婦（Oberführerin）1名があたった。こうした補助婦隊関連の名称では、国防軍用語調というよりも、第三帝国の民間団体ないし党関連組織的な用語が多かったのは、総司令部の補助婦隊に対する位置づけがややあいまいだった証でもあった。

通信補助婦たちは、ギーセンの陸軍通信学校で、陸軍通信隊の男性一般兵によって訓練された。補助婦たちは訓練を終えると通信隊に配属され、無線通信手、電話交換手、通信機器操作手、事務員として職務に就いた。主な職場は、占領地域の軍団ないし軍の本部などの中枢司令部、または陸軍の各種一般司令部だった。戦時中の写真でよく目にするのは、目覚しい戦果を上げて帰還するUボート乗組員たちを出迎えるため、花束を手にした陸軍と海軍の補助婦たちが一緒に並んでいるものである。補助婦たちはドイツ帝国内でも、一般民間人の職員では差し障りがある、あるいは人材が確保できないなどの場合にも配属された。必要に応じて通信補助婦は、トート機関などのその他の組織に一時的に派遣されることもあった。

白いブラウスにグレーのスカートと制帽という、上着なしの夏季服装の陸軍通信補助婦たち。エナメル仕上げの「電光」ブローチ付きのネクタイと、制帽左側の小さな「電光」マークに注意。黒台布に白で刺繍された国家徽章がブラウスに付いている。肩にかけた官給品ハンドバッグにも注意。（U-Boot Archiv）

制服
Uniforms

通信補助婦の基本的な制服は、背広型の上衣とスカートからなるグレーの洗練されたウール製スーツで、白のブラウス、黒のネクタイとともに着用した。絹製ストッキングと黒の紐靴を履き、フィールドキャップを被れば、服装は完成となる。補助婦には、長い肩ストラップ付きの革製ハンドバッグも支給された。

作業用スモックも支給される制服のひとつだった。雨天時にはレインコートをゴム製のオーバーシューズとともに着用し、さらに防寒用のロングコートも支給されていた。他にも冬季用の衣類として、暖かいウール製下着、ウール製の靴下と手袋、スカーフとイヤーマフも支給されていた。地域によってはスカートの代わりにスキーズボンを穿くこともあり、極寒地では毛皮製のウェストコートとミトン手袋が使用された。

実際には、正装は外出着として使用され、日常の業務はスモック姿で行なっていた。占領地域に配属された女性たちは、私服と派手な装身具の着用は常に禁止で、最小限のメイクだけが許可されていた。

【制服上衣】　制服上衣はダブルブレストで、2個の外ボタンが2列並び、上襟と下襟はやや大きめだった。内袋式の胸ポケットが2箇所あり、下端がわ

ずかにとがったボタン留めの蓋が付いていた。右ポケットの蓋には、黒地に白の機械織りの国家徽章が付いていた。腰ポケットの切れ目は垂直で、前ボタンの下段と同じ高さの外ボタンで閉じられた。両袖の袖口から4cmほど上に、ボタン留めの先端のとがったタブが付き、これは袖の前側の縫い目から出て、後方へ巻かれていた。

　左袖上腕部には、縦長の楕円形をした暗青緑色のパッチが付き、寸法はおよそ42mm×56mm、中央にレモンイエローで通信隊章である「ブリッツ（電光）」マークがあしらわれていた。この袖章から通信補助婦たちは皆、「ブリッツメートヒェン（Blitzmädchen＝カミナリ嬢）」という愛称で呼ばれた。指揮官階級の袖章にはレモンイエローのコード縁取りが付いた。

　1944年のある時点から、おそらく経済的な理由により、シングルブレストの上衣が導入された。ボタン留めの袖タブは省略され、ポケットは上衣の裾に移され、蓋のボタンがなくなった。これらを除けば、この新型上衣は以前のものと基本的に変わらなかった。

通信センターの陸軍通信補助婦たち。屋内でもこの制服上衣を常に着用していたことがわかる。左袖口の幅広のボタン留めタブのすぐ上のカフ・バンドには、黄色地に「NH des Heeres（陸軍通信隊）」の黒文字がはっきりと読める。イラストA1参照。(Josef Charita)

【帽子】　通信補助婦の基本的な制帽はフィールドキャップ（サイドキャップ）で、陸軍兵の略帽によく似ており、フラップないし鉢巻部に円弧状の切り欠きがあった。クラウン上端部とフラップの切り欠き部には、レモンイエローのパイピングが付く。国防軍の一般型の略帽では国旗色の丸型国家帽章が付くはずのフラップ正面部には、代わりに鷲と鍵十字の国家徽章が縫い付けられた。これは黒地に白の機械織り製だった。フラップの左側面には、暗緑色の楕円形台布にレモンイエローの電光という、袖の電光マークの小型版が付いていた。

【ブラウス】　官給品のブラウスはグレーで、襟の先端はとがり、一番上のボタンまで留めた。右胸には上衣と同様の国家徽章が付く。このグレーのブラウスは、夏季服装や外出服装では白のブラウスに代えられることもあった。

陸軍通信隊の下士官から指導を受ける通信補助婦。グレーのダブルブレスト制服上衣の左袖には、カフ・バンドと通信隊章の両方が見られる。(Josef Charita)

【ロングコート】　ロングコートはダブルブレストでグレーのウール製、前側に4個のプラスチック製ボタンが2列並んでいた。背中側には腰から裾まで長い切れ込みが入り、長方形の調節バックルのあるウール製ハーフベルトが付いていた。ウェストには2箇所の大型パッチポケット（訳注：縫い付けポケット）があり、ボタンなしの蓋が付く。通信隊の電光マークが左袖上腕部に付いたが、ないものもあった。

【スモック】　スモックは薄手の木綿ないし類似の布製で、通常はライトグレーだったが、

明褐色または淡黄褐色のものもあった。スモックの前は6個のボタンで留められ、取り外し式の白い襟ライナーを付けることもあった。スモックでは腰高さにパッチポケットが付くことはあまりなかった。右胸には標準型の国家徽章が付く。通信隊の電光マークは左袖に付いたが、ないものもあった。

【夏季服装】 夏季服装も定められており、グレーの規格型と同じ裁断の薄手の白スカートと、上記の白ブラウスとを組み合わせた。この服装ではくるぶし丈の短い靴下を履き、靴の色は白の場合もあったが、黒も同様に一般的だった。夏用の制帽はなく、夏季服装でも通常のグレーのフィールドキャップを被った。

【スキーズボン】 寒冷期の屋外作業では、スカートの代わりにグレーのウール製スキーズボンを穿くこともあった。これには斜めに切れ込みの入った腰ポケットが両側にあり、裾先を国防軍標準官給品の編み上げアンクルブーツにたくし込んで、裾をゆったり膨らませることができた。

【ネクタイ用ブローチ】 どの階級でも円形の金属製ブローチをネクタイにピン留めしていた。地色は黒で、縁と中央の電光の図案は黄色のエナメル仕上げだった。士官に相当する階級では、ブローチに金色の幾何学模様の縁取装飾が加わった。

【カフ・バンド】 通信補助婦隊には専用のカフ・バンドが制定され、制服上衣の左袖下腕部に付けられた。黄色地に黒で縁取り線と「NH des Heeres」（陸軍通信隊）のゴシック体文字が機械織りされていた。他にもカフ・バンドには、銀灰色糸またはアルミニウム金属糸で、ロシア飾り織の縁取りと「Stab HSNH」（陸軍通信隊本部）の文字が手刺繍されたものも知られている。

陸軍と海軍に所属する通信補助婦たちはいずれも、作戦から無事帰還したUボートの乗員たちを出迎えるため、フランス大西洋岸の岸壁にしばしば動員された。写真は氏名不詳の海軍少佐に花束を渡し、歓迎の抱擁をする陸軍の上級補助婦で、階級は左袖にかろうじて見える1個の山形章からわかる。（U-Boot Archiv）

階級構成と階級章
(1941年3月4日の導入時)
補助婦（Helferin）階級章なし
上級補助婦（Oberhelferin）下向きの黄色山形章
下級指導婦（Unterführerin）黄色山形章、縦に並ぶ星章2個
指導婦（Führerin）襟縁どりと制帽パイピングは黄色コード（訳注：cord＝何本かの糸を撚り合わせた太い糸）
上級指導婦（Oberführerin）上記と同様だが、黄／アルミニウム色縞コード

右頁●陸軍の補助婦たちが装用していたカフ・バンド。上から下へ、黄色地に黒文字の通信補助婦隊、黒地にアルミニウム色文字の通信本部付補助婦隊、緑地に淡灰緑色文字が共通の本部付補助婦隊と雑役補助婦隊のもの。

高級指導婦（Hauptführerin）上記と同様だが、金色コード

（1942年3月25日の改正後）
補助婦（Helferin）階級章なし
先任補助婦（Vorhelferin）黒の円形台布に黄色の刺繍星章
上級補助婦（Oberhelferin）黄色山形章
高級補助婦（Haupthelferin）黄色山形章、黄色星章1個
下級指導婦（Unterführerin）黄色山形章、縦に並ぶ黄色星章2個、制帽パイピングは黄色コード
指導婦（Führerin）襟角にアルミニウム色縞織山形章／襟、制帽、電光マークの縁パイピングは黄／黒縞コード
上級指導婦（Oberführerin）上記と同様だが、山形章の内側にアルミニウム色星章1個／パイピングは黄／黒／アルミニウム色コード
高級指導婦（Hauptführerin）上記と同様だが、アルミニウム色山形章2個に星章1個／パイピングはアルミニウム色コード
本部付指導婦（Stabsführerin）金色の縞織山形章／パイピングは金色コード
上級本部付指導婦（Oberstabsführerin）金色の縞織山形章、金色の星章1個／パイピングは金色コード

福利厚生補助婦隊
Welfare Auxiliaries（Betreuungshelferinnen）

　ドイツ軍兵士の福利厚生に関わるすべての業務は、本来ドイツ赤十字社（Deutsches Rotes Kreuz/DRK）が担当していた。しかし1941年10月に、その業務に携わるすべての人員が、陸軍の直接指揮下に属する福利厚生補助婦隊に移籍された。この補助婦たちは陸軍補助婦の制服ではなく、赤十字社の制服を着続けていたと考えられている。

本部付補助婦隊
Staff Auxiliaries（Stabshelferinnen）

　1942年2月、この新部隊が編成された。陸軍本部付補助婦隊は18歳から40歳までの女性で構成され、陸軍の司令部で事務職員として勤務した。

　先述のように、初期の通信補助婦隊には事務職に就いていた女性もいたが、本部付補助婦隊が設立されると、彼女たちはこの新組織に移籍された。

　本部付補助婦は制服不足のため、当初はやむを得ず私服を着ていたが、1943年10月から徐々に制服が支給され始めた。これらは通信補助婦隊の余剰品で、唯一の決定的な違いは電光マークが取り除かれていた点だった。

　専用のカフ・バンドが階級の低い補助婦にも導入された。これは緑色の機械織り人絹台布に、縁どり（撚り紐を模していた）と「Stabshelferin/des Heeres（本部付補助婦/陸軍属）」の2行のゴシック体文字が、淡灰緑色で刺繍されていた。さらに指揮官階級の補助婦用のカフ・バンドでは、文字は同じだったが、黒台布に金黄色糸で刺繍されていた。

　1942年9月16日の特別命令によって、国防軍最高司令部（Oberkommando der Wehrmacht）専属の本部付

補助婦隊が新たに設立された。陸軍の本部付補助婦隊と同様、当初この補助婦たちも通信隊の制服の余剰が支給されるまでの間、やむを得ず私服を着ていた。彼女たちは上記のようなカフ・バンドは装用しなかった。代わりに陸軍に勤務する民間人専用のバッジを付けたが、それは単なるアルミニウム製の小型国家徽章だった。階級としては、施設管理婦 (Heimleiterin)、駐屯地指導婦 (Standortführerin)、地区指導婦 (Bezirksführerin)、地方指導婦 (Gebietsführerin)、高級指導婦 (Hauptführerin) の計5種類の存在が知られている。

雑役補助婦隊
Economics Auxiliaries (Wirtschaftshelferinnen)

この部隊については不明な点が多いが、清掃婦、炊事婦などの単純労働者で構成されていたと考えられている。固有の制服はなく、私服か作業着かは、その日の業務命令しだいだった。しかし服の種類に関わらず、袖に付けて所属を示すカフ・バンドが導入されていた。形式は本部付補助婦と同じだったが、「Wirtschaftshelferin/des Heeres（雑役補助婦/陸軍属）」の文字が、緑色台布に灰緑色で書かれていた。

調馬婦隊
Horse Breakers (Bereiterinnen)

陸軍の騎兵科には専属の予備馬と訓練施設が揃っていたが、砲兵隊や兵站部などの馬を利用する他の兵科では、馬を調教できる軍人が不足していた。そこで適性のある10代から中年までのさまざまな年齢の女性たちが、1943年から各地の乗馬訓練学校で調馬任務を与えられた。この任務に就いた女性たちは、全員が最も低い階級である「補助婦」とされた。階級章はなく、制服は後期型のシングルブレスト上衣だけで、右胸の標準型国家徽章が唯一の徽章だった。この服装では通常、陸軍のM43型野戦帽に似た、ボタン留めフラップ付きのフィールドキャップを被った。

国防軍補助婦隊
ARMED FORCES AUXILIARIES (Wehrmachthelferinnen)

1944年11月29日の命令により、国防軍の三軍に属するすべての補助婦隊が1個の補助婦隊に統一された。こうしてナチス統治下のドイツは、最終的に国防軍には女性が不可欠であると認め、「総力戦」の名のもとにその貢献を受け入れたのだった。この処置は実のところ、あらゆる戦線における損害を補充するため、膨大な数の男性が必要だったという事情に差し迫ってのことだった。

各種の補助婦隊では従来の制服を使用し続けていたが、統一化を図るため、新しい階級制度と階級章が導入された。こうして階級は、一連の幅

Uボート乗組員を出迎える陸海軍混成の通信補助婦たち。右側の海軍補助婦2名に注意。両名とも制帽に指揮官階級を表す黄/黒色のパイピングがあり、左側の陸軍補助婦とは異なり、珍しくどちらも制帽のフラップでなくクラウンに国家徽章が付いている。海軍の補助婦導入は1944年5月からで、職務内容は陸軍よりも雑務的だった。中央の女性は、海軍上級指導婦を示す1個の星章を襟に付けている。また右の女性が通信隊の兵科章のすぐ下に付けている「Marinehelferin」（海軍補助婦）のカフ・バンド（縞織縁どりなし）も興味深い。(U-Boot Archiv)

5mmないし10mmの金属色縞織線からなる袖口章で示されることになった。陸軍と空軍に所属する補助婦にはアルミニウム色の縞織線が、海軍所属の補助婦には金色の縞織線が使われた。そして指揮官階級では、襟と制帽に銀色コードのパイピング（海軍は金色）が施された。階級は以下の通りだった。

階級と階級章
補助婦（Helferin）　階級章なし
上級補助婦（Oberhelferin）　幅5mmの線章1条
高級補助婦（Haupthelferin）　5mm線章2条
軍務指導婦（Truppführerin）　10mm線章1条
上級軍務指導婦（Obertruppführerin）　10mm線章2条
業務指導婦（Dienstführerin）　5mmの環付き線章1条の上に10mm線章2条
上級業務指導婦（Oberdienstführerin）　5mm線章2条の上に10mm線章2条、下端の線章は環付き
高級業務指導婦（Hauptdienstführerin）　5mm線章3条の上に10mm線章2条、下端の線章は環付き
本部付指導婦（Stabsführerin）　5mmの環付き線章1条の上に10mm線章3条
上級本部付指導婦（Oberstabsführerin）　5mm線章2条の上に10mm線章3条、下端の線章は環付き

　大戦末期にはさらにいくつかの命令が出された。そのひとつに陸戦部隊に属するすべての女性を「国防軍補助婦隊－陸軍（Wehrmachthelferinnen-Heer）」として再編成するという1945年4月16日付の命令があったが、当時の大混乱を考えれば、こうした命令は書類上の変更だけに終わった可能性が高い。最後に出された命令は、すべての補助婦隊を本部付補助婦隊、通信補助婦隊、それ以外のすべてを含む軍務補助婦隊の3種類に整理するというものだった。この命令には従来のカフ・バンドをすべて廃止し、新たに「Wehrmachthelferinnen-Heer」のカフ・バンドを導入することも含まれていた。しかしこれは支給はおろか、製造すらされなかった。

海軍
NAVY

　ドイツ海軍（Kriegsmarine）にも陸軍同様、婦人補助部隊を運用してきた長い歴史があった。カイゼルの時代から女性たちは、伝統的に女性向きだと考えられていた職業、すなわち事務員、清掃婦、炊事婦などに採用されていた。陸軍と同じく、1938年11月に海軍に発せられた総動員令は、海軍で女性が何らかの重要な職務を行なうことをほとんど想定していなかった。開戦により、男性を前線勤務に振り向ける必要が生じたため、女性は徐々に

適した職域に進出し始めたが、その職務は陸軍の補助婦とほとんど同種の場合も多かった。

　海軍によって、高度に軍事的な任務に女性が本格的に導入された最初の例は、1941年4月10日に編成された海軍対空監視補助婦隊（Flugmeldehelferinnen der Kriegsmarine）だった。1942年中頃には、より大規模な婦人部隊である海軍補助婦隊（Marinehelferinnen）が編成された。そして1943年には海軍専属の海軍高射砲補助婦隊（Marine Flakhelferinnen）が結成された。

　先に述べたとおり、三軍すべての補助婦隊は1944年に国防軍補助婦隊に統合された。

海軍対空監視補助婦隊
Aircraft Reporting Auxiliaries of the Navy
(Flugmeldehelferinnen der Kriegsmarine)

　この部隊は1941年4月10日に発足したが、それ以前からあった婦人対空監視服務隊（weibliche Flugmeldedienst）の人員を海軍に吸収しただけのものだった。これに伴ない階級章が改められ、補助婦たちは海軍属となったが、基本的な制服は空軍型のものが使用され続けたので、詳細については後述の空軍の項で取り上げる。

海軍補助婦隊
Naval Auxiliaries (Marinehelferinnen)

　海軍内のどの部署に補助婦を配属するかを定めた規定が、最初に公布されたのは1942年7月7日だった。しかしその日の以前も以後も、通信連絡任務にあたる補助婦たちは陸軍から供給されていた。彼女たちが海軍属であることを明確に示すのは、隊名の最後に加えられた「海軍」の文字だけだった。このためこの補助婦隊は、名称としては少々奇妙な「陸軍通信補助婦隊（海軍）（Heeresnachrichtenhelferinnen（Marine））」として知られるようになった。

高射砲補助婦隊
Anti-Aircraft Auxiliaries (Flakhelferinnen)

　1943年に編成されたこの補助婦隊は、照空灯隊や阻塞気球隊など、実際の高射砲兵隊の内部、あるいは周辺に位置する部隊の定員充足のために補助婦を供給していた。補助婦たちは少なくとも初期は、兵器を直接操作することが禁止されていた。

　1943年に海軍に属する補助婦隊は、2種類の補助婦隊に分割された。本部付補助婦隊（Stabshelferinnen）と兵務補助婦隊（Truppenhelferinnen）がそれで、その職務は以下の通りだった。

海軍補助婦の秀逸な肖像資料で、彼女の階級が海軍指導婦なのは、襟章がなく、黄／黒色の撚り仕上げのパイピングが制帽、上衣襟、ブラウス襟にあることからわかる。また指揮官階級を示すブローチがネクタイに留められており、これは金色の縁取り装飾の幅が広い。この服装は1943年9月の規定によるもので、グレーの上衣とスカート、そして紺色の海軍型サイドキャップからなっていた。(Otto Spronk)

低い階級の海軍補助婦用のブローチには、海軍指導婦以上の階級には付く金色の装飾縁取りがない。また「Marinehelferin」（海軍補助婦）のカフ・バンドは、ネービーブルー地に金黄色。これには黄色の縁取りの付くものと、ないものが製造された。

【本部付補助婦隊】
中枢司令部における幕僚の補佐
海軍沿岸砲台における司令部幕僚の補佐
海軍兵学校と訓練部隊における職務
その他の補助的職務

【兵務補助婦隊】
沿岸防御施設と防空部隊における職務
陸上司令部における職務
特技官訓練に関する職務
補助婦補充部隊における職務

　これと同時に、本部付補助婦隊を除く、対空警戒補助婦隊や高射砲補助婦隊などのすべての海軍所属の補助婦隊は、この総合的な補助婦隊に吸収された。

制服
Uniforms

　先に述べたとおり、海軍に勤務する補助婦の多くが実際には空軍型の制服を着用していたが、1942年に海軍補助婦隊が設立されたのちも、海軍型の制服は支給されなかった。この制服不足のため、男性用のフィールドグレーの規格型海軍制服が、補助婦にも支給されるようになった。

　1943年1月になってようやく、海軍の補助婦たちに専用の制服が支給され始めた。基本的な服装は背広型のシングルブレスト上衣、長ズボン、ブラウス、庇付きフィールドキャップで、短靴またはアンクルブーツを履いた。ロングコート、手袋、ウール製の靴下、セーターまでが基本的な官給品だった。しかしこれらの新型制服の正確な仕様が不明なのは、写真資料において男性と同じフィールドグレーの制服を着用した例が圧倒的に多いためである。

　1943年9月に新型の女性用制服が導入されたが、これは帽子を除き、陸軍の補助婦が着ていたのと同じグレーのものだった。この服装の基本的な構成は以下のとおりである。

【制服上衣】　シングルブレストの上衣は、3個のプラスチック製ボタンで前を閉じた。内袋式のポケットが2箇所あり、ボタンなしの外蓋が付いた。布製ウェストベルトが、両脇の縫い目に付くループに通されていた。後期型の上衣では、ベルトとベルトループが省略された。この上衣のデザインは、対空監視服務隊が使用していたブルーグレーの空軍型制服とほぼ同じだった。紺地に黄色で機械織りされた海軍型国家徽章が右胸に付いた。

　また陸軍官給品のグレーの上衣や、その前の型のダブルブレスト上衣の余剰品が、海軍補助婦に支給されることほとんどなかった。

【ブラウス】　ライトブルーの長袖ブラウスは、袖口がボタン留めで、前は一番上のボタンまで留めた。胸ポケットの付くものと、ないものがあった。ポケット付きのものでは、青の台布に黄色で機械刺繍された国家徽章が右ポケットの上に付く。夏季には白の半袖ブラウスもよく着られた。指揮官階級

この補助婦の正確な所属は不明である。帽子が紺色の船内帽（Bordmütze）らしいので、海軍補助婦と思われる。しかし帽子は一般型の男物で、国家徽章と丸型国家帽章が付いている。上衣には肩ストラップとハイカットの下襟が付いているので、ウェスト丈の男性用M44型戦闘服—おそらくフィールドグレーで、海軍の陸上勤務兵用のものではないだろうか？　袖に海軍先任補助婦の1本の黄色縞織棒章らしきものが、かろうじて確認できる。しかし無地の襟章が、水兵が海軍型ピージャケット［厚手ウール製ダブルブレスト上衣］に付けていた濃紺色の襟章の名残りなのかは謎である。全体的にこの写真は、補助婦隊の制服が男性部隊よりも、あまり服装規定に厳しく縛られていなかったことを示す好例である。(Otto Spronk)

左●この補助婦は海軍補助婦であるにもかかわらず、紺ではなくグレーらしいフィールドキャップを被っている（これも服装規定にはない丸型国家帽章が付いている）。またブラウスではなくタートルネックのセーターを着ているのにも注意。さらにスカートではなくズボンを穿いていることから、撮影は冬らしい。この写真は、1944年に標準となったシングルブレストでグレーの補助婦用上衣の全体像が大変よくわかる。

右●この海軍補助婦が着ているのは、光沢のあるグレーの布製の作業用ワンピースで、紺地に黄色の国家徽章が付いている。この種のワンピースでは一番上のボタンまで留めるのが普通だった。(Robert Noss)

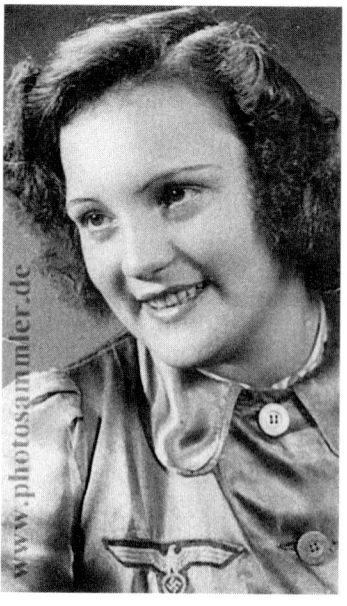

では、ブラウスの襟が上衣や制帽と同じパイピングで縁取られていたのが、写真資料から判明している。

【海軍型フィールドキャップ】　海軍属であることを明示するため、多くの補助婦が水兵用のいわゆる船内帽（Bordmütze）に似た紺色のウール製キャップを被っていた。初期型では通常型と同様にクラウン正面に国家徽章が付くものの、丸型国家帽章が付くはずのフラップ正面には何も付かなかった。しかし1944年5月になると、国家徽章の位置がフラップ部に下げられた。指揮官階級では、フラップ上端が黄/黒色のコード、または金色のパイピングで縁取られていた。

【スモック】　ダブルブレストのスモック型作業服が支給されたが、これは光沢のあるブルーまたはグレーの布製で、海軍型国家徽章が右胸に縫い付けられていた。このスモックは、前をボタンで留めることも、ウェストベルトで締めることもできた。指揮官階級では襟に金黄色のコードパイピングが付いた。

　1944年に紺色をした実用的な作業服が導入された。その構成は以下のとおりだった。

【フィールドキャップ】　これはM43型統一規格型野戦帽（Einheitsfeldmütze）のデザインを基にしていたが、折り下ろし式フラップと首覆いはなかった。クラウン正面に機械刺繍製の海軍型国家徽章が付いたが、丸型国家帽章はなかった。

【M44型風上衣】　規格型のウェスト丈「戦闘服」型上衣が、すべての補助婦に導入された。これは陸軍のM44型ウェスト丈上衣によく似ており、シングルブレストで、前は6個のボタンで閉じた。着用時は一番上のボタンまで留

めることになっていた。ボタン付き蓋のある胸パッチポケットが2箇所あった。また両袖にはボタン留めの袖口ストラップが付く。紺色台布に金黄色の木綿糸で機械刺繍された海軍型国家徽章が、右胸ポケットに取り付けられた。

【スカート】 スカートは前面にプリーツが2本入り、右脇の4個のボタンで留めて穿いた。腰の前側2箇所に内袋式ポケットがあり、そのボタン付き外蓋は斜めだった。

【スキーズボン】 海軍補助婦にもスキーズボンが支給されたが、そのデザインは先述の陸軍のものとおそらく同一だった。

階級と階級章
海軍補助婦（Marinehelferin）　規格型ブローチ以外は階級章はなし
海軍先任補助婦（Marinevorhelferin）　長さ8cm、幅4mmの黄色の棒型袖章1本
海軍上級補助婦（Marineoberhelferin）　棒章2本
海軍高級補助婦（Marinehaupthelferin）　棒章3本
海軍指導婦（Marineführerin）　指揮官階級用ブローチ、襟と制帽に黄/黒色コードの縁取り
海軍上級指導婦（Marineoberführerin）　上記と同様だが、両襟に星章が加わる
海軍高級指導婦（Marinehauptführerin）　両襟の星章は2個
海軍本部付指導婦（Marinestabsführerin）　星章は1個、襟と制帽に金色のコード
海軍上級本部付指導婦（Marinestabsoberführerin）　上記と同様だが、星章は2個

【カフ・バンド】 海軍補助婦が装用するカフ・バンドが1種類制定された。幅3.5cmの紺色の台布に、機械織りまたは機械刺繍で「Marinenhelferin（海軍補助婦）」の金黄色ゴシック体文字があしらわれていた。これは金黄色の縞織縁取りの付くものと、ないものがあった。このカフ・バンドは、上衣とロングコートの左袖下腕部に付けられた。写真資料ではこのバンドの実際の装用例が比較的少ないので、支給数は限られていたようだ。

【ブローチ】 訓練を修了すると、海軍補助婦たちはささやかな祝賀会に出席し、訓練を満了した人員であることを示すブローチを授与された。これは直径約3cmの円形で、紺地に金黄色の縁取りがあり、中央に海軍伝統の絡み錨の図案があしらわれていた。指揮官階級のブローチも同様だったが、複雑な幾何学模様の幅の広い縁取りが付いていた。

　1944年11月の統一国防軍補助婦隊の発足により、海軍所属の補助婦たちには、すでに陸軍の項で述べた階級と階級章が適用されたが、袖章が銀色ではなく、金色の縞織線である点が異なっていた。「Wehrmachthelferin-Marine（国防軍補助婦－海軍）」と書かれた新型カフ・バンドが導入される予定だった。しかしこのバンドが製造された形跡はない。

空軍
AIRFORCE

　空軍（Luftwaffe）は新たに設立された軍種であり、ナチスドイツの申し子だったが、女性の採用について先進性はなかった。しかしその創設時から空軍に女性が勤務していたのは事実である。当初採用されていたのは、事務員、電話交換手、酒保店員、炊事婦などの伝統的な職種だった。女性は徐々により重要な職域に進出していった。1938年の空軍の動員令はその拡大を想定していなかったが、大戦中、空軍は17歳から45歳までの膨大な人数の女性を採用した。婦人補助部隊には、以下のような種類があった。

対空監視服務隊
航空通信補助婦隊
防空警報服務隊
本部付補助婦隊
高射砲補助婦隊

　陸海軍の補助婦隊同様、空軍の補助婦隊は1944年11月に三軍合同の国防軍補助婦隊に吸収された。そして陸海軍と同じく、この大戦末期の再編成が空軍補助婦たちに与えた影響は、事実上皆無だった。

対空監視服務隊（Flugmeldedienst）所属の補助婦。制服は空軍の他の補助婦隊が着用していたものと同じだが、飛行機のシルエットの付いたエナメル仕上げの円形バッジを下襟に装用したのはこの隊のみ。(Otto Spronk)

対空監視服務隊
Auxiliary Aircraft Reporting Service (Flugmeldedienst)

　この組織に属する補助婦たちは、各地のレーダー基地、聴音所、監視哨に配属されていた。この隊は1941年2月に航空通信補助婦隊（Luftnachrichtenhelferinnen）に吸収されるまで、独立した組織だった。

　対空監視服務隊員用の制服が初めて定められたのは、1940年6月だった。これは上衣、スカート、ブラウス、帽子からなっていたが、購入は補助婦個人の民間衣料配給切符によらなければならなかった。

【制服上衣】シングルブレストの上衣は、ブルーグレーのウールで仕立てられ、3個のプラスチック製の大きなボタンが付いていた。スカートには2箇所の内袋式側面ポケットがあり、ボタンなしの長方形外蓋が付いていた。初期型では布製ウェストベルトが腰の両脇にあるループに通されていたが、後期型では廃止された。灰青色の台布に銀灰色の糸で機械

刺繍された「飛翔する」鷲と鍵十字からなる空軍型の国家徽章が右胸に付いていた。

【スカート】　スカートはブルーグレーのウール製で、前面に2本のプリーツが入り、右側の合わせをファスナーで閉じた。

【ブラウス】　ブラウスはライトブルーの木綿製で長袖、袖口はボタン留めだった。襟は一番上のボタンまで留め、黒の男物ネクタイを締めた。服装規定ではブラウスに国家徽章はないはずだったが、付いた例も少なくなかった（これは陸軍と海軍の補助婦も同様）。「夏季服装」では長袖、半袖の白ブラウスがどちらもよく着られた。

【フィールドキャップ】　補助婦の制帽は、空軍の航空兵帽（Fliegermütze）に非常に似ていた。原則的にフラップ正面に丸型国家帽章が付かない点が異なっていた。国家徽章はクラウン正面に取り付けられた。1940年11月以降は、フラップの縁に空軍通信隊の兵科色である銅茶色のパイピングが施された。

この航空通信補助婦（Luftnachrichtenhelferin）はウール製ロングコートを着ている。制帽には通信隊の兵科色である銅茶色のパイピングがフラップ縁に付き、ネクタイにはいわゆる「民間人章」が留められているが、これは空軍独自の「飛翔する」型国家鷲章の小型ピン留めタイプ。ブラウスが縞柄なのが興味深い。（Otto Spronk）

【ロングコート】　補助婦に支給されたロングコートは男性用によく似ていたが、丈が若干短く、裾が膝下丈になっていた。ブルーグレーの良質なウール生地製でダブルブレスト、4個×2列のプラスチック製留めボタンはダークグレーだった。背中側には調節式のハーフベルトが付き、そのすぐ下に裾まで伸びる切れ込みが入っていた。腰高さに斜めに開口した内袋式ポケットが2箇所あり、ボタンなしの外蓋が付いた。

【スモック】　補助婦に支給されたシングルブレストの作業用スモックは、淡青灰色または灰褐色をした薄手の木綿製だった。前はボタンを4個から6個留めて閉じた。背中側にハーフベルトがあり、両脇に蓋なしパッチポケットが2箇所付くこともあった。白の襟ライナーもよく取り付けられた。この服には国家徽章は付けない規定だった。

階級と階級章（1940年8月以降）
見習い婦（Anwärterin）　階級章なし
対空監視補助婦（Flugmeldhelferin）　7cm×1cmの水平な銀色縞織棒章1本
警戒補助婦（Aufsichthelferin）　上記に加え、棒章の上に刺繍星章1個
業務団下級指導婦（Betriebsgruppenunterführerin）　上記と同様だが、星章は2個
業務団指導婦（Betriebsgruppenführerin）　上記と同様だが、星章は3個

　1941年7月の改正で、上記の職種以外の補助婦隊にも階級制度が導入された。階級名の前には必ずLn.Flum（Luftnachrichten-Flugmeldedienst（航空通信－対空監視服務隊）の略）が添えられた。新しい階級章は従来同様、左袖上腕部に付けられた。

左頁下●空軍の募集ポスターの1枚で、画中のスローガンは「航空通信補助婦として勝利に貢献しよう」。

見習い婦（Anwärterin）　階級章なし
補助婦（Helferin）　銀色の山形章
上級補助婦（Oberhelferin）　山形章は2個
高級補助婦（Haupthelferin）　山形章は3個
指導婦（Führerin）　環付きの山形章1個
上級指導婦（Oberführerin）　山形章は2個で、一番下のものは環付き
高級指導婦（Hauptführerin）　山形章は3個で、一番下のものは環付き
本部付指導婦（Sabsführerin）　山形章は4個で、一番下のものは環付き

　上衣とロングコートではこれらの階級章の上に、青灰色地の中央に交差する電光と1枚の翼を重ねた図案が刺繍された小さな円形布パッチが付けられていた。さらに1942年11月の再改正により、訓練を満了した人員のパッチには銀灰色のコード縁取りが加えられた。

　陸軍と海軍の補助婦とは異なり、対空監視服務隊の隊員は規格型ブローチは付けなかった。しかし私服の下襟に装用する専用バッジが制定されており、写真資料によれば陸海軍の補助婦のブローチのようにネクタイに留めた例も見られた。

　バッジは2種類が知られている。第一のタイプは、放射線状の縁取りが付いた淡青色の地に飛行機の輪郭が付いたものである。飛行機の上側には「REICHS」（帝国）、下側には「LUFTSCHUTZ」（防空）の文字があり、飛行機の右側には鍵十字旗、左側には赤白黒の三色国旗があしらわれていた。第二のタイプは、放射線状の縁取りが付いた淡青色地の中央に黒い飛行機が付いたものだった。このバッジの下部には赤色の部分があり、黒の鍵十字の入った白丸が付いていた。

グレーブルーのウール製シングルブレスト勤務服上衣を着た空軍補助婦。（Robert Noss）

航空通信補助婦隊
Air Signals Auxiliaries（Luftnachrichtenhelferinnen）

　この組織は1941年2月に設立されると、直ちに対空監視服務隊を吸収した。この補助婦たちは、電話交換手、無線通信手、暗号通信手、テレタイプまたはテレプリンターの操作手として、通信施設に勤務していた。新組織の制服類は、対空監視服務隊のものと基本的に同じだったが、1941年7月に上記の新型階級章が導入された。

　左袖上腕部に付く各種の山形章に加え、指揮官階級（指導婦以上）では両襟の角に銀色の星章が刺繍されるようになり、1943年6月からは襟に銀色コードの縁取りが加えられた。

　階級章は1944年6月に再々改正され、先述の一連の幅5mmの縞織山形章は、幅5mmと10mmの縞織山形章の組み合わせに変更された。新しい階級章は以下のとおりだった。

階級と階級章
見習い婦（Anwärterin）　階級章なし
補助婦（Helferin）　幅5mmの山形章1個
上級補助婦（Oberhelferin）　5mm山形章2個
高級補助婦（Haupthelferin）　5mm山形章1個の上に10mm山形章1個
指導婦（Führerin）　環付きの5mm山形章1個の上に10mm山形章2個

上級指導婦（Oberführerin） 5mm山形章2個の上に10mm山形章2個で、一番下のものは環付き
高級指導婦（Hauptführerin） 5mm山形章3個の上に10mm山形章2個で、一番下のものは環付き
本部付指導婦（Sabsführerin） 環付きの5mm山形章1個の上に10mm山形章3個
上級本部付指導婦（Oberstabsführerin） 5mm山形章2個の上に10mm山形章3個で、一番下のものは環付き

　指揮官階級では、両襟の角に銀色の星章が刺繍され、襟と制帽に銀色コードのパイピングが施されていた。
　これらの階級章に加え、幅5mmの縞織線が両袖を一周し、権威ある地位であることを示していたが、これは国防軍の先任曹長の袖章にやや似ていた。小隊長に相当する階級では1条の袖章を巻き、中隊長相当では2条の袖章を巻いた。
　袖の階級山形章のすぐ上には、国防軍兵士の兵科章にあたる職種章が付いていた。当初は、陸軍や海軍の通信補助婦のものに似た、1本の電光が付いていた。1942年6月に職種章の種類が増やされたが、これらはいずれも青灰色の台布に銀灰色糸で刺繍されていた。これらの職種章は、イラストHのH36〜44に掲載した（48ページ以降の解説も参照されたい）。これらの職種章はすべて男性兵士と共通だった。

【ブローチ】　航空通信補助婦隊にはブローチも1種類導入された。これは丸い輪に空軍型の飛翔する鷲が重ねられていた。鷲の左側には「L」の文字が、右側には「H」の文字が付いていた。ブローチは制服上衣の左下襟に装用することになっていたが、私服でも付ける位置は同じだった。空軍のいわゆる「民間人章」は空軍型鷲章のピン留め式小型版にすぎなかったが、最終的にこのブローチに完全に取って代わった。

　　　　　＊　＊　＊

　対空監視服務隊時代の初代制服に続き、さまざまな被服類が次々に導入された。主なものを以下にまとめる。
【帽子】　男性兵士用のブルーグレーのウール製M43型野戦帽に似た、庇付きフィールドキャップ。補助婦用での基本的な相違点は、ほぼ例外なく正面のフラップ留めボタンが1個であることだった（男性用では留めボタンが1個のものと2個のものがあった）。また通常付けられる徽章は空軍型の国家徽章のみで、丸型国家帽章は大抵省略されていた。

上衣類：
【航空兵用上着】　これは実のところ空軍の男性兵士用の規格型官給品と同じで、写真で補助婦への支給例がよく見られるのは、補助婦用の制服が不足していたために他ならない。これは普通のシングルブレスト上衣で、ボタン隠しの覆いがあり、外蓋付きの内袋式腰ポケットが2箇所あった。

この補助婦が付けているのは、幅5mmの山形章1個からなる補助婦の階級章（1941年制定型）と、対空監視員を示す職種章である。かつては独立していた対空監視服務隊は、1941年2月に総合的な補助婦隊に吸収された。イラストC1参照。（Robert Noss）

左頁下●空軍通信補助婦のブルーグレーの上衣とパイピング付きフィールドキャップがよくわかる。両者とも男性用の一般官給品であり、鷲と鍵十字の空軍型国家徽章がどちらにも付いている。（Robert Noss）

【ヒップ丈上衣】　これは女性専用の制服で、ブルーグレーのウール布製だった。ボタン隠し覆いのあるシングルブレスト上衣で、最上部のホックをかければ喉もとまで閉じることができた。布製の腰ベルトが付き、両脇と背中の縫い目位置にあるループに通され、前で締められた。空軍型国家徽章が右胸に付く。裾部に内袋式のポケットが2箇所あり、ボタン留めの外蓋が付いていた。

【M44型風上衣】　これは丈の短い「戦闘服」型上着で、陸軍のM44型ウェスト丈上衣によく似ていた。シングルブレストで、6個の前ボタンは石目仕上げのアルミニウム製、一番上のボタンまで留めて着るようになっていた。ボタン留め蓋付きの胸パッチポケットが2箇所あった。袖口にはボタン留めで調節可能なタブが付いていた。

【スキーズボン】　これについては陸軍の項ですでに述べたが、ブルーグレーのウール布製だった点が異なっていた。

防空警報服務隊補助婦
Air Raid Warning Service
（Luftschutz Warndienst Helferinnen）

　防空警報服務隊に属する補助婦の制服は、空軍の他の補助婦隊のものと同じだったが、この隊独自の階級章が付いていた。階級構成は以下のとおりだった。階級章はどれも左袖下腕部に取り付けられた。階級名の前には必ずLS-Warndienst（防空警報服務隊）が添えられた。

階級と階級章
補助婦（Helferin）　7cm×5mmの水平な縞織棒章と、その上側中央に刺繍星章1個
上級補助婦（Oberhelferin）　上記と同様だが、星章は2個

1944年、照空灯操作手を務める高射砲補助婦たち（Flakhelferinnen）。彼女たちが身に着けているのは、庇付きのM43統一規格型野戦帽、一体型布製腰ベルト付きの「ヒップ丈」上衣、裾を折り返した靴下にたくし込んだスキーズボン、男性用官給品のアンクルブーツである。イラストC2参照。（Courtesy Brian L.Davis）

帝国防空団（Reichsluftschutzbund/RLB）所属の民間人補助婦たち。彼女たちに支給されたのは、徽章のない簡素なワンピース型「ツナギ」、ガスマスク、RLBの文字に翼の生えた図柄のステッカーを正面に貼った男性用ヘルメットだった。各種の補助婦隊の服装は、募集ポスターに描かれた上品な制服よりも、こうした冴えない格好が多かった。（Robert Noss）

高級補助婦（Haupthelferin）　上記と同様だが、星章は3個
指導婦（Führerin）　縞織線が袖を一周し、その上に星章1個
上級指導婦（Oberführerin）　上記と同様だが、星章は2個

　緑色コードのパイピングが、制帽のフラップを縁取っていた。防空警報服務隊では、空軍型国家徽章の付く位置に独自の徽章が付いていた。これは柏葉リースの両側に翼が広がり、リースの中心には「躍動的な」鉤十字が付き、その上の巻紙図案には「LUFTSCHUTZ（防空）」の文字があった。この徽章は右胸と制帽に付けられた。1942年4月から左袖上腕部に取り付けられる刺繍パッチが導入された。これは両端が矢印形になった2本の電光が交差した図案が、「LSW」の文字の下に描かれていた。このパッチの台布は緑色のウール製で、図案は銀灰色糸で仕上げられた。この徽章が導入される前は、補助婦たちは「Luftschutz」の文字が黒でプリントされた白い腕章を装用していた。1944年6月になると、訓練を満了した補助婦の袖パッチに灰色コードの縁取りが加えられた。
　先に述べたように、防空警報服務隊の補助婦たちは高い階級にあることを示すため、袖を一周する縞織線の袖口章を付けることもあった。線章が1条ならば作業班の指揮官であり、2条ならば小隊規模の隊の指揮官であることを示していた。

防空警報服務隊（Luftschutzwarndienst）の徽章。帝国防空団（RLB）の機械織りの団員章は、フィールドキャップと右胸に付けられた。「LSW」隊章は暗緑地に銀灰色で刺繍され、左袖に付けられた。

夏季服装のRADwJ（帝国労働奉仕女子青年団）団員。首もとのブローチに注意。RADwJ団員ではこれが階級を示していた。写真は鉄色で縁に装飾がないタイプなので、最低の階級である勤労女子（Arbeitsmaid）であることがわかる。イラストH25～27参照。(Otto Spronk)

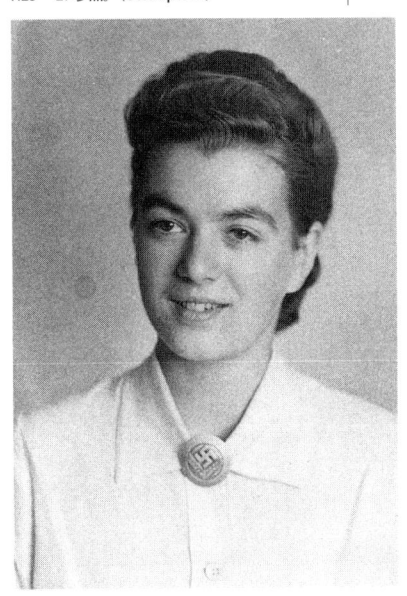

本部付補助婦隊
Staff Auxiliaries（Stabshelferinnen）

　空軍の本部付補助婦隊の補助婦は、その前身である対空監視服務隊および航空通信補助婦隊とまったく同じ服装だった。唯一の違いは左袖上腕部に取り付けられた青灰色の菱形布パッチだけだった。これには銀灰色の縁取りがあり、中央に「Stabs/Helferin（本部付/補助婦）」の文字が2行に書かれ、その下に空軍型国家徽章があった。

高射砲補助婦隊
Anti-Aircraft Auxiliaries（Flakhelferinnen）

　空軍は高射砲補助婦隊（通常は労働者団体から派遣された志願者により編成）をかねてから運用していたが、本組織がようやく公式に発足したのは1943年10月のことだった。その日をもって、従来から存在していた志願者部隊はすべてこの組織に吸収された。海軍の高射砲補助婦隊と同じく、その主要任務は、照空灯の操作、阻塞気球の運用、射撃管制装置の操作だった。終戦の数ヵ月前には、補助婦に直接砲を操作する資格が与えられた。ここでも他の空軍補助婦隊が使用していた既存の制服類が支給されていた。基本的な階級構成は以下の通りで、Flakw（Flakwaffen（高射砲兵科）の略）が必ず階級名の前に添えられた。

階級と階級章
補助婦（Helferin）　幅5mmの縞織山形章1個
上級補助婦（Oberhelferin）　山形章2個

軍務指導婦（Truppführerin） 5mm山形章1個の上に10mm山形章1個
上級軍務補助婦（Obertruppführerin） 5mm山形章2個の上に10mm山形章1個
指導婦（Führerin） 環付きの5mm山形章1個の上に10mm山形章2個
上級指導婦（Oberführerin） 5mm山形章2個の上に10mm山形章2個、下端のものは環付き
高級指導婦（Hauptführerin） 5mm山形章3個の上に10mm山形章2個、下端のものは環付き
本部付指導婦（Stabsführerin） 環付きの5mm山形章1個の上に10mm山形章3個
上級本部付指導婦（Oberstabsführerin） 5mm山形章2個の上に10mm山形章3個、下端のものは環付き

　右袖上腕部には、下向きの剣の上に空軍型の国家徽章があしらわれた青灰色の盾形パッチが付けられていた。標準型の空軍兵科章は、左袖上腕部に付けられた。
　制服をまだ支給されていない補助婦には私服の着用が認められ、その場合は右袖のパッチと同じ図案の付いた白い腕章を巻く場合もあったが、これは黒でプリントされていたか、黒糸で刺繍されていた。
　統一国防軍補助婦隊が1944年11月に設立されると、空軍に所属する補助婦隊は、国防軍補助婦隊－空軍（Wehrmachthelferinnen-Luftwaffe）と呼ばれるようになった。1945年3月の空軍補助婦軍団（Helferinnenkorps der Luftwaffe）の編成に伴ない、空軍補助婦隊の最高司令官（およびその次位）の階級が制定され、その名称は空軍補助婦軍団総指導婦（Generalführerin der Luftwaffenhelferinnenkorps）とされたが、終戦までにその階級章が作られた可能性は低いと考えられている。このため唯一知られている階級章は、陸軍の項で述べた国防軍補助婦隊－陸軍と同様のものである。

　　　＊　＊　＊

　全般的に当時の国防軍補助婦の写真では、三軍いずれも服装規定にない服装例がしばしば見られ、特にワンピース型「ツナギ」などの作業服類が多かった。これまで述べた各種の規定は、正規の制服と徽章類についてのみの話である。本書には男性用の制服や作業服を着た写真も多数掲載されているが、これは正規の女性用制服を調達できなかった場合、男物が支給されるのが一般的だったためである。
　占領地、特に東部戦線では、現地出身の志願兵が多数採用されていた。これらの志願兵部隊（Hilfswillige ないし Hiwis）には現地調達された衣服類が支給されることも多く、その所属を示すのは腕章だけで、これは通常「Im Dienst der Deutschen Wehrmacht（ドイツ国防軍勤務）」と書かれた規格型だった。さらに高射砲補助婦隊に配属された東ヨーロッパの占領地出身の女性志願兵の中には、自国の国旗色があしらわれた腕章と袖パッチを装用していた例もあった。これらの徽章類は当初、各国の男性兵士用に導入

RADwJ団員の正式な勤務服装では、褐色の地色と対照をなす暗褐色の襟の付いた上衣、褐色のフェルト製ソフト帽を着用した。左袖にわずかに見えるのは、盾形のRAD管区章。やはり階級は勤労女子。イラストF2参照。（Otto Spronk）

されたものだったが、写真資料により女性の装用例も確認されている。

民間団体および党の補助婦隊
CIVIL & POLITICAL AUXILIARIES

帝国労働奉仕団
STATE LABOUR CORPS (Reichsarbeitsdienst)

　労働奉仕団の婦人部は、かつての志願労働奉仕団（Freiwilliger Arbeitsdienstないし FAD）の婦人部、志願婦人労働奉仕団（Freiwilliger Frauenarbeitsdienst）から発展したものである。

　1935年6月26日に成立した法律により、労働奉仕は志願制から強制に変わったが、これによりドイツの青少年は性別を問わず、帝国労働奉仕団に加入する義務が生まれた。しかしこの法律が本格的に施行されたのは、1939年9月になってからだった。女性は家庭に留まるべきであるとの意識がナチ党では強かったにもかかわらず、RADの婦人団員は、高齢者や幼児の世話などの地域サービスや援農作業に従事していた。一般的にRADの婦人部は、厳しい規則に縛られない、寛大で社会的な組織だった。常勤の正職員であるRAD終身団員の門戸は、若い女性にも開かれていた。

　最初の大きな変化は、1941年の総統命令によりRADの婦人団員に対し、戦争支援奉仕（Kriegshilfdienst）の構想が提示されたことだった。この奉仕先は、もっぱら戦争遂行に貢献する業種（弾薬工場など）の工場労働者、または病院の補助職員、郵便職員、バスや路面電車の車掌、鉄道従業員などの重要な民間職に限られていた。先に述べたように、空軍の対空監視服務隊では多数の志願者が勤務しており、それ以外にも多くの女性が空軍の高射砲補助婦隊に徴発されていた。レムケ博士という名のRAD地区指導婦（RAD-Bezirksführerin）が、1945年4月に鉄十字章を受章したという記録があるが、その所属と受章理由は現在のところ不明である。

このRADwJ団員が戦争支援奉仕で路面電車の車掌を務めることにより、戦地に赴く男性が1名捻出された。「RAD Kriegshilfdienst（RAD戦争支援奉仕）」のカフ・バンドと、胸ポケット蓋のRADwJ戦争支援奉仕章（イラストH24参照）に注意。それ以外は民間電車会社の乗務員制服と同じ。（Josef Charita）

制服
Uniform

　RADの女性部ではさまざまなタイプの制服が使用されたが、本書では基本的な勤務服と、いくつかの軍属補助婦の制服だけを取り上げることにする。
　勤務服は上衣、ブラウス、スカート、靴、ソフト帽で構成されていた。
【制服上衣】　これは明褐色のウール製シングルブレスト上衣で、上襟、4個の前ボタン、角製か木製の長方形バックルの付いた布製腰ベルトは対照的に暗褐色だった。上衣の裾の2箇所に内袋式ポケットが付いたが、その開

口部は斜めでボタン付きの外蓋が付いた。指導者階級では階級に対応して、銀色または金色のコードパイピングが上襟を縁取っていた。

【スカート】 スカートは上衣と同じ褐色のウール製で、プリーツのないものと、2本入ったものがあった。

【ブラウス】 上衣の下には白のブラウスを着たが、ボタンは一番上まで留め、ネクタイは締めなかった。ブラウスには長袖と半袖があった。暑い時期には「夏季服装」として、上着を着ずに半袖ブラウスを着た。首もとにはネクタイの代わりに金属製ブローチを留めたが、そのデザインは階級ごとに異なっていた。

【帽子】 緑色の帽帯が巻かれた褐色のフェルト製ソフト帽を被ったが、帽帯の右側には階級により銀色または金色の金属製バッジがピン留めされた。

公式行事に出席中の国家社会主義者婦人会（NS-Frauenschaft）幹部で、紺のスーツと白のブラウスを着ている。銀糸刺繍の国家徽章が左袖上腕部に付くはずだが、写真ではよく見えない。左袖下腕部には「Reichsfrauenschaft（帝国婦人会）」と書かれたカフ・バンドを、また左胸にはエナメル仕上げのナチ党員章と国社婦人会のエナメル仕上げの三角形標章を装用している。イラストF3参照。（Josef Charita）

陸軍、通信補助婦隊および雑役補助婦隊
1：通信補助婦隊、高級補助婦、勤務服
2：通信補助婦隊、上級指導婦、勤務服
3：雑役補助婦隊、補助婦、作業服

陸軍補助婦隊および国防軍補助婦隊、1942〜45年
1：通信補助婦、作業用スモック
2：通信補助婦、ロングコート
3：国防軍補助婦隊、本部付指導婦、1945年

空軍補助婦隊、1943～44年
1：航空通信補助婦隊、補助婦、1943年中頃
2：高射砲補助婦隊、上級補助婦、1944年
3：防空警報服務隊、高級補助婦、1944年

海軍補助婦隊、1943～44年
1：海軍補助婦隊、高級指導婦、1944年
2：海軍補助婦、作業服、1944年
3：海軍補助婦、夏季外出服装、1943年

ドイツ赤十字社（DRK）
1：DRK看護婦、看護服
2：DRK看護婦、勤務服
3：DRK看護婦、北アフリカ、1943年

全国組織および党婦人会
1：ドイツ少女同盟（BDM）、BDM少女
2：帝国労働奉仕団（RAD）、RAD女子高級指導婦
3：国家社会主義者婦人会、全国幹部

SS、税関、警察の補助婦
1：SS補助婦隊、オーベルレンハイム帝国学校、補助婦
2：国境警備隊税関、税関補助婦
3：警察補助婦

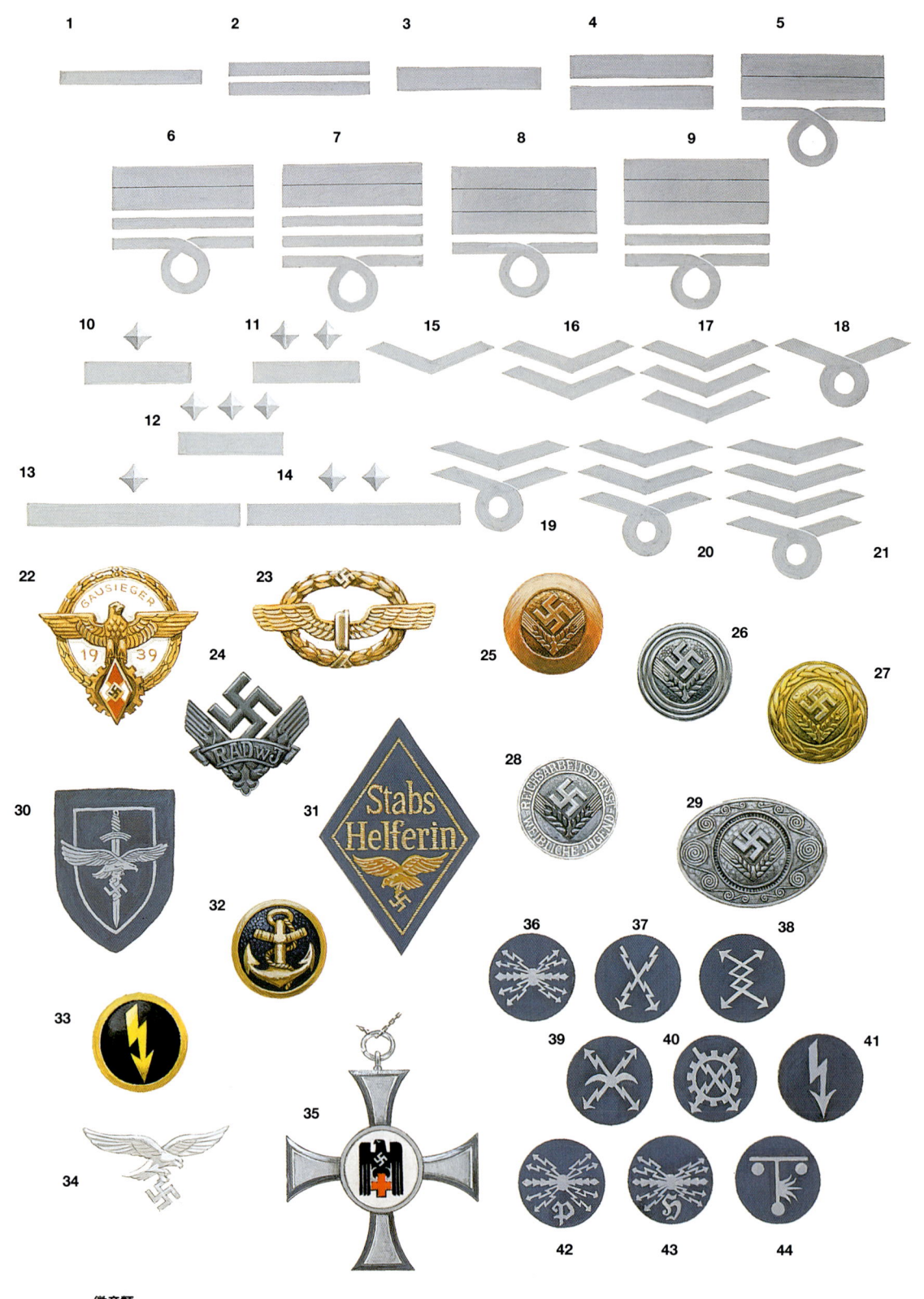

32 　**徽章類**
　　詳細は本文解説を参照のこと。

H

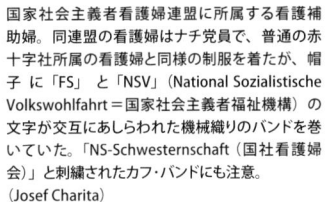

国家社会主義者看護婦連盟に所属する看護補助婦。同連盟の看護婦はナチ党員で、普通の赤十字社所属の看護婦と同様の制服を着たが、帽子に「FS」と「NSV」（National Sozialistische Volkswohlfahrt＝国家社会主義者福祉機構）の文字が交互にあしらわれた機械織りのバンドを巻いていた。「NS-Schwesternschaft（国社看護婦会）」と刺繍されたカフ・バンドにも注意。（Josef Charita）

徽章
Insignia

左袖上腕部に機械織りの盾形パッチを付けた。台布は褐色で、黒の縁取りがあった。上部に白円があり、鍵十字と2本の大麦の穂からなる山形章が黒であしらわれていた。下部には着用者の属する地区（Bezirk）番号がローマ数字で書かれていた。この数字と黒の縁取りの内枠の色は、低い階級では白、士官相当の階級では銀、そして最上級の階級では金だった。

【ブローチ】 エゴン・ヤントケ（Egon Jantke）デザインのブローチを首もとに留めたが、これは金属板打ち抜き加工製だった。いくつかのタイプが開戦直後に導入されたが、デザインは団の任務を見事に表現したもので、基本的に2種類に分類できた。第一は18歳から21歳までの補助婦が装用した円形のもので、標準型の鍵十字の下に大麦の穂があり、背景は石目仕上げだった。以下のように、縁の模様とブローチの色の組み合わせが装用者の階級を表していた。

階級と階級章
勤労女子（Arbeitsmaid）　鉄色、装飾のない縁
班長（Kameradschaftsälteste）　鉄色、畝模様付きの縁
若年指導婦（Jungführerin）　銅色、装飾のない縁
女子下級指導婦（Maidenunterführerin）　銅色、畝模様付きの縁
女子指導婦（Maidenführerin）　銅色、「縄目」模様付きの縁
女子上級指導婦（Maidenoberführerin）　銀色、畝模様付きの縁
女子高級指導婦（Maidenhauptführerin）　銀色、「縄目」模様付きの縁
本部付指導婦（Stabsführerin）　金色、装飾のない縁
本部付上級指導婦（Stabsoberführerin）　金色、畝模様付きの縁
本部付高級指導婦（Stabshauptführerin）　金色、「縄目」模様付きの縁

勤続1年を過ぎたが、まだ指導者階級に進級していない者には、灰銀色の団員ブローチの装用が許可された。これは中央部の図案は通常のものと同じながら、縁に「Reichsarbeitsdienst weiblich Jugend（帝国労働奉仕女子青年団）」の文字が記されていた。

これら以外にもブローチは1種類あり、やはりこれも円形だったが、鍵十字を挟むのが大麦の穂だけでなく茎全体で、背景には紋様があしらわれていた。平らな縁にはドイツで考案された古めかしいズュッターリン書体で「Arbeit für den Volk, Adelt dich Selbst, Deutscher Frauenarbeitsdienst（国民のための労働は、汝自身を気高くせん、ドイツ婦人労働奉仕団）」と記されていた。このブローチの実物にはシリアルナンバーが振られていることから、何らかの顕彰規定に基づいて授与された表彰記章と思われるが、それ以上のことは不明である。

【帽章】　ソフト帽に巻かれた帽帯には金属製バッジが留められた。これは丸枠の中に鍵十字と大麦穂の図案があり、余白は通常打ち抜かれていた。鉄色は勤労女子と班長、銅色は若年指導婦と女子下級指導婦、銀色は女子上級指導婦と女子高級指導婦、そして金色は本部付指導婦から本部付高級指導婦までに割り当てられていた。興味深いのは、女子指導婦の階級だけは本徽章の刺繍タイプを装用していたことで、刺繍には銅の金属糸が使われていた。

【襟パイピングと袖章】　女子下級指導婦の階級では、銀/黒色縞のコードパイピングが襟に付いた。コード色は、女子指導婦から女子高級指導婦までの階級では銀の単色、本部付指導婦から本部付高級指導婦までの階級では金色だった。軍の補助婦隊の「指揮官」袖章に倣うかのように、RADでは班長の階級の女性団員は幅10mmの褐色の袖線章1条を両袖口に巻いていたが、若年指導婦ではこれが2条になった。これらの線章は、1943年に台布が褐色をした短い灰色の縞織棒章に置き換えられた。

戦争支援奉仕婦の制服
Wartime uniforms

　1941年7月、戦争支援奉仕婦であることを示す専用バッジが導入された。その図案は、逆山形をなす2本の大麦の穂の上に鍵十字だった。この逆山形章には「RADwJ」という帝国労働奉仕女子青年団（Reichsarbeitsdienst weibliche Jugend）の頭文字が書かれた巻紙図案が重ねられていた。

　RAD所属の女性が運転手を務める場合、上衣の襟色は、対照色である褐色よりは、緑色なのが一般的だった。

　1943年末、特務指導婦（Sonderführerin）の階級が導入された。軍の特技官に相当する下級/中級/上級の3階級からなる、特務指導婦（下）（Sonderführerin（U））、特務指導婦（中）（Sonderführerin（M））、特務指導婦（上）（Sonderführerin（H））がそれだった。下級では、茶/赤縞コードの襟パイピングに、銀縁付きの銅色ブローチだった。中級は、銀/赤縞コードの襟に銀色ブローチだった。そして上級は、金/赤縞コードの襟に銀縁付きの金色ブローチだった。

　1944年になると、高射砲兵隊に勤務する下士官相当の階級で変更があった。班長の階級が上級女子（Obermaid）に、若年指導婦の階級が高級女子（Hauptmaid）に改称された。

　大戦末期には「戦闘服」型の上衣が、女性RAD団員に支給されるようになった。このシングルブレストで短尺のウェスト丈の上衣には、6個の前ボ

タンと2箇所のボタン留め蓋付き胸パッチポケットが付いていた。袖口もボタン留めで、調節可能だった。通常型のRAD団員章が左袖上腕部に付いた。この上衣と揃いで穿くスカートには、前側に2本のプリーツの入ったポケットが1箇所、腰の両脇に斜めに開口したポケットが2箇所付いていた。この基本制服は、軍の補助婦に支給されたものと同じだった。しかしRAD用タイプが発表されたのは、すでに1945年2月のことで、(されたとしても)どれだけの数量が支給されたのかは不明である。

多くの場合、RADの女性団員が着ていた制服は、彼女たちが補助婦として勤務していた組織のものだった。例えば工場労働者ならば、普通の作業用ツナギを着ていた。そうでない場合、つまり鉄道警備員/車掌や郵便配達婦などでは、その職業の制服をそのまま着て、下襟に戦争支援奉仕バッジを付けた。「RAD Kriegshilfsdienst(帝国労働奉仕団・戦争支援奉仕)」と書かれたカフ・バンドが装用される場合もあり、また「Kriegshilfsdienst/des Reichsarbeitsdienst(戦争支援奉仕/帝国労働奉仕団の)」の腕章が使用された例もあった。空軍の高射砲部隊に勤務するRADの女性団員は、通常の空軍補助婦の制服を着ていたが、RADの袖パッチを付けていた。

国家社会主義者婦人会
National Socialist Women's Organisation (NS-Frauenschaft)

国家社会主義者婦人会(NS-Frauenschaft)は社会福祉活動を行なうボランティア団体で、赤十字社を支援していた。しかしながらプロパガンダ活動の一翼も担っていた。

正式な「制服」は、濃紺色の上衣とスカートからなるスーツと、同色のソフト帽だったようだ。銀灰色の国家徽章が上衣の左袖上腕部に付いていた。濃紺地に銀灰色で着用者の所属大管区名(例えば北ヴェストファーレン大管区(Gau Westfahren Nord))が記されたカフ・バンドが、左袖下腕部に付くことも多かった。バリエーションとして「帝国婦人会(Reichsfrauenschaft)」と書かれたものも知られている。逆三角形をしたエナメル仕上げの会員章は、上衣の下襟に通常付けられた。鮮やかな水色の縁が付いた黒色のエナメル仕上げバッジもあった。上端の白い帯には「NAT. SOZ. FRAUENSCHAFT(国社婦人会)」と書かれ、その下の紋章の主要部である白十字の交差部には小さな赤い鍵十字があり、白十字の左右と下の腕先に銀色ゴシック体で本団体の頭文字が書かれていた。腕章も通常の私服によく装用された。これには逆三角形の紋章の上端に「NS-Frauenschaft-Deutsches-Frauenwerk(国社婦人会－ドイツ－婦人事業部)」の銘が記されていた。黒地に白の縁どりがあり、中央には「ティール」のルーン文字の上に「日輪型」鍵十字が付いていた。

同デザインのエナメル仕上げバッジも知られている。

[本項末尾の「同デザインのエナメル仕上げバッジ」とは、37ページ下写真の看護婦が下襟に付けているものだが、ルーン文字は「ティール(Tyr)」ではなく、「エオロー(Eolh)」である。この文字には保護、友情、仲間などの意味がある。因みに「ティール」とは「↑」形をしたルーン文字で、ドイツ/北欧神話の軍神の名前でもあることから、勝利、勇気の意味をもつ。身に帯びると武運が上がるとされていた]

国家社会主義者ドイツ看護婦連盟
National Socialist League of German Sisters
（NS-Reichsbund Deutscher Schwestern）

　これは国家社会主義者国民福祉機構（National Sozialistische Volkswohlfahrt/NSV）に吸収された、かつての看護婦連盟および婦長連盟の会員からなる純粋な政治団体である。これは赤十字社とは別個の団体だったが、次項で述べるドイツ赤十字社とほぼ同じ制服だった。相違点は、看護帽に「FS」と「NSV」の文字が交互に並んだ紺色のリボンが巻かれ、袖に本連盟の布製パッチが付くことだった。

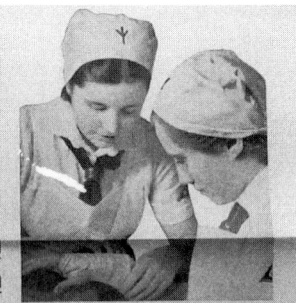

ドイツ赤十字社
GERMAN RED CROSS（Deutsches Rotes Kreuz）

　国防軍の陸海空軍にはそれぞれ専属の軍医が所属していたが、看護職員はいずれも擁していなかった。看護婦は全員がドイツ赤十字社（DRK）から派遣されていた。赤十字職員が着用していた衣服の種類は比較的多かった。これらは大きく2種類に分類できた。DRKの正規看護婦とここで働く職業看護婦とが着ていたものである。

ドイツ赤十字社職員
DRK staff

【制服上衣】　看護服でなく勤務服の場合、士官相当の階級ではミディアムグレーのダブルブレストのウール製上衣を着用していた。これは2個×2列の前ボタンで前を閉じ、対照をなすダークグレーの襟が付いていた。2箇所の内袋式胸ポケットには、下端が若干とがったボタン留め外蓋が付いていた。その他の補助婦隊の上衣と同様、両袖の袖口には先端のとがったボタン留め外巻きタブが付いていた。

【帽子】　フォーマルな場では、ダークグレーのフェルト製ソフト帽が、上衣とともに着用された。つばの左側を折り曲げて、クラウンにピン留めすることもあった。DRKの徽章は、帽帯、折り上げたつばのどちらにも取り付けられた。これは楕円形をした白い布パッチで、胸に白い鍵十字の付いた黒いドイツ鷲が赤十字をつかむ図案が付いていた。看護服では糊で形を整えた伝統的な看護帽を被り、これは正面に赤十字が付いていた。

【ロングコート】　グレーのウール製のロングコートはダブルブレストで、3個×2列のボタンで前を閉じた。腰後ろ

うら若いDRK看護婦で、身につけている基本的な看護服、規格型の看護帽とエプロンは、世界各国の看護婦のものとほとんど違わない。細縞のブラウスは多くの写真に見られる。グレーの制式ブラウス同様、これも白襟が取り外し可能。左袖には赤十字章付きの白い腕章を巻き、赤十字の周りには「Deutsches Rotes Kreuz（ドイツ赤十字）」と黒のゴシック体で記されている。
（Otto Spronk）

左頁上●この募集ポスターは、16歳から21歳までのすべての女子に、看護補助婦としてドイツ兵の看護にあたるよう求めている。志願者はドイツ少女同盟（BDM）で応急手当の講習を受け、BDMの少女たちは「国民の義務」を果たすよう説かれた。（Otto Spronk）

左右に外蓋付きの内袋式ヒップポケットが付く。両袖には上衣同様、ボタン留めタブが付く。

【ブラウスとスカート】　低い階級では、白い襟が付き、前側に複数のプリーツのあるミディアムグレーのブラウスを着用した。右袖にはDRKの標章が付いたが、この三角形をした布章には「翼を下げた」国家徽章が、着用者の所属地区名の上に銀灰色糸で刺繍されていた。左袖には赤十字の付いた腕章を装用したが、この赤十字の周囲には黒のゴシック体で、上側に「Deutsches」（ドイツ）、下側に「Rotes Kreuz」（赤十字）の文字が記されていた。このブラウスには揃いのグレーのスカートを穿いたが、これは前側に2本のプリーツが入り、左右に隠しポケット（スリット）があった。看護服装では白いエプロンを着用したが、当時の看護服では一般的だった胸まで覆うタイプで、肩かけ帯と正面右側に大きな前ポケットが付いていた。士官に相当する高い階級の看護婦のブラウスも同様だったが、襟の色が胴部と同じグレーだった。この場合、看護服に白エプロンはかけず、グレーのスカートのままだった。

階級構成と階級章
Rank structure and insignia

　階級章はブラウスと上衣の襟に付けられ、以下のものがあった。

階級と階級章

補助婦（Helferin）　階級章なし
先任補助婦（Vorhelferin）　両襟に青色星章1個
上級補助婦（Oberhelferin）　青色星章2個
高級補助婦（Hapthelferin）　青色星章3個
看護指導婦（Wachtführerin）　銀色星章1個
上級看護指導婦（Oberwachtführerin）　銀色星章2個
高級指導婦（Hauptführerin）　銀色星章3個
野戦指導婦（Feldführerin）　金色星章1個
上級野戦指導婦（Oberfeldführerin）　金色星章2個
最上級指導婦（Oberstführerin）　金色星章3個
総指導婦（Generalführerin）　金色の葉1枚
総指導婦長（Generalhauptführerin）　金色の葉2枚

赤十字看護婦
Red Cross Nurses

戦時中のDRK看護婦の基本的な制服は、胸プリーツ付きのミディアムグレーのブラウスで、襟は対照的に白かった。揃いの色のスカートには前にプリーツが2本入り、隠しポケットが両脇にあった。DRKの三角形布章が右袖に付き、白無地に赤十字の付いた腕章を左袖に巻いた。襟はボタンを一番上まで留め、エナメル仕上げのDRKブローチ（写真左参照）を首もとに付けた。糊で形を整えた看護帽を被ったが、その縁には赤十字と「RK」の文字が交互に並ぶ布製バンドが縫い付けられ

DRK看護婦の正式な勤務服装では、このグレーの上衣を着た。非常に明るい淡青灰色の襟章には小さなエナメル仕上げの赤十字が付くが、縁の内側に銀灰色糸の縁どりが付く場合もあった。鷲が赤十字をつかむDRK章がソフト帽の左側に付けられ、首もとにはエナメル仕上げのブローチが付く。下襟の三角形バッジはNS婦人会章のひとつで、これは「ティール」のルーン文字の上に「日輪」型鍵十字が付いたものだった。（Robert Noss）
［襟バッジのルーン文字は「ティール」ではなく「エオロー」］

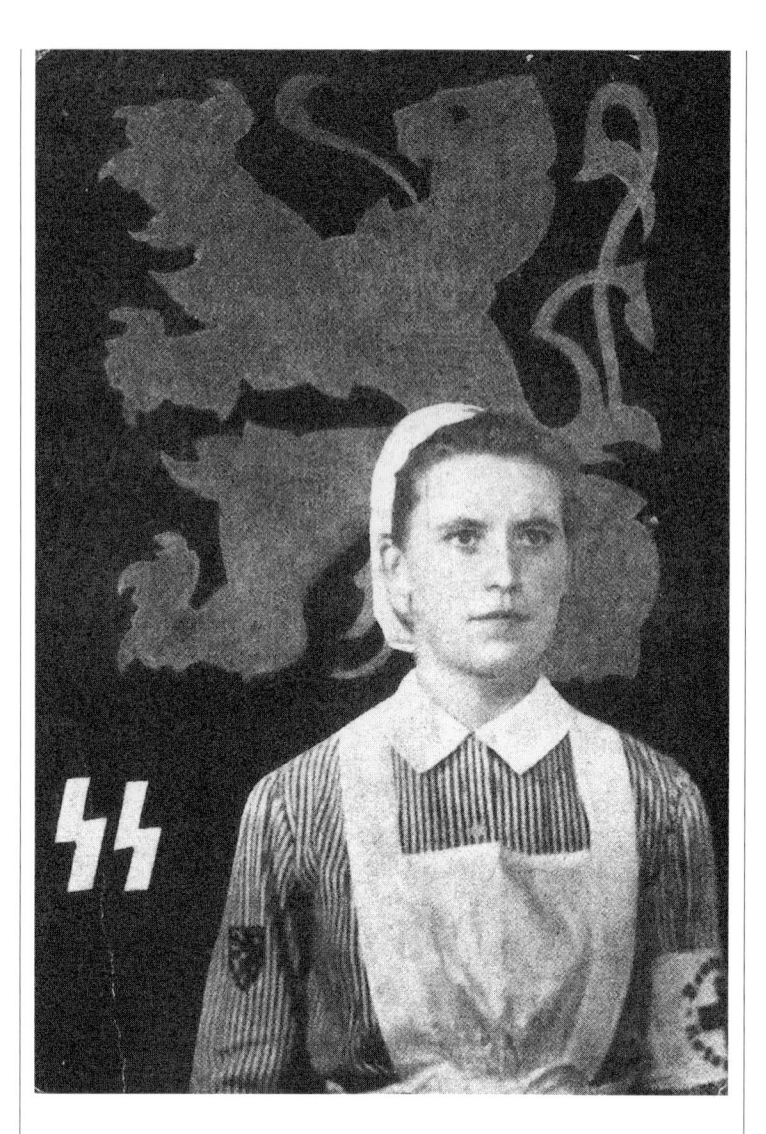

フラマン人女性向けの募集ポスターで、東部戦線で戦う武装SSのフラマン人志願兵部隊「ランゲマルク」旅団（後に師団）の負傷兵を看護補助婦として支援するよう求めている。黒地に後ろ足で立つ黄色のフランダースの獅子が、国籍徽章として看護婦の右袖上腕部に付いているのに注意。またDRKタイプの赤十字腕章を巻いているのにも注意。（Otto Spronk）

ていた。看護服では白のエプロンをかけたが、これは通常、胸まで覆う型で、ブラウスとスカートの上に着用した。

　別のタイプとして、同じようなブラウスで、襟の色が胴部と同じグレーのものもあった。このブラウスでは赤十字の襟章を付けたが、これは非常に淡い灰青色の長方形台布にアルミニウム糸コードの内縁取りがあり、中央にエナメル仕上げの赤十字が付いていた。右袖には三角形のDRK章が、左袖には赤十字腕章が付けられた。このブラウスに穿くスカートは、正面中央に裾から丈の半分ほどまでのプリーツが1本入り、両脇のサイドプリーツの上には5個のボタンが縦に並んでいた。

　看護服や外出着では、白のブラウスを着用していたことも写真から判明している。また階級の最も低いDRK補助婦では、看護服としてブルーグレーと白に間違いない細縞のブラウスを着ている例が特に多かった。その正確な区分基準は、今のところ不明である。

【制服上衣】　上記のグレーのウール製上衣は、勤務服として支給されてい

この看護補助婦たちはドイツ帝国郵便（Deutsches Reichs Post）職員の応急手当担当者らしい。（Otto Spronk）

北アフリカ戦役全期間に従軍した古参看護婦イルゼ・シュルツは、敵砲火の中でも負傷兵を看護し続けたことにより、1943年4月に鉄十字章を受章した。そのリボンが南方用ブッシュジャケットのボタン穴に通されている。「AFRIKAKORPS（アフリカ軍団）」の部隊カフ・バンドと、右袖上腕のDRK大管区章にも注意。イラストE3参照。（Josef Charita）

た。ダブルブレストで、2個のボタンが2列並び、下端のとがったボタン留め蓋が付いた内袋式胸ポケットが2箇所あった。襟は対照的にダークグレーで、袖口には外側に巻かれるボタン付きタブが付いていた。上記の襟章はこの上衣にも付き、DRKの三角形袖章と腕章も共通だった。この上衣には前面プリーツのないグレーのウール製スカートを穿いたが、これには左側に閉じボタンがウェストから裾まで並んでいた。

【南方用上衣】 高温な気候地域に勤務する看護婦には、薄手のゴールデンタン色の木綿製ブッシュジャケット［パッチポケットが4箇所ある、ベルト付き探検服型ジャケット］と揃いのスカートが支給されることもあり、ブラウスの上に着用した。この上衣にはボタン留め蓋付きの胸ポケットが2箇所、同じく裾パッチポケットが2箇所付いていた。標準型のDRK三角形パッチが右袖に付いた。腕章は左袖に巻いたが、省かれることもあった。北アフリカに従軍した看護婦は、「AFRIKAKORPS」（アフリカ軍団）部隊カフ・バンドも右袖下腕部に装用した。

ブローチ
Brooches

　看護婦のブラウスの首もとに留められたブローチには、いくつかの種類があった。基本的にこのエナメル仕上げのバッジには、胸に白い鍵十字を付けた黒鷲が赤十字をつかむ図案が白丸の地に描かれていた。この白丸を黒縁が囲み、そこに金色のゴシック体文字で「Detusches Rotes Kreuz-Schwesternschaft」（ドイツ赤十字－看護婦会）と書かれていた。指導者階級も同様の徽章を装用したが、縁取りに金色の幾何学模様と「Deutsches Rotes Kreuz-Schwesternhelferin」（ドイツ赤十字－看護婦隊補助婦）の文字

が付いていた。看護補助婦も同様の徽章を装用したが、図案は白地に普通の赤十字があるだけで、黒の縁どりに「Deutsches Rotes Kreuz-Helferin」（ドイツ赤十字－補助婦）の文字が付いていた。

　看護婦会の加盟者が装用するブローチには、しばしば他のタイプも見られた。これは一般的なものに似ていたが、真円形というよりは楕円形に近く、文字が「-Schwesternschaft（＝看護婦会）」のタイプだった。同種の徽章はいわゆる赤十字サマリア人の人々、すなわち信条による救急ボランティアのヘルパーたちも装用していたが、これには「-Samariterin」（＝サマリア婦人）と書かれていた。

　赤十字社は、補助婦組織の中でも独自の表彰記章や顕彰制度のある点が、他と異なっていた。それらの多くは「社会福祉」のためとして、開戦前に従来のものに代わり、新たに制定された賞だった。しかしながら1939年から45年までの長期にわたり、職務への献身の証としてドイツ赤十字の女性職員に授与されていたそれらの記章は、戦時中の実物写真は残っているものの、現存するものはごくわずかしかない。

【看護婦または修道女職勤続10年十字章】　縦横50mmの銀色の十字章で、丸い白地にDRKの黒鷲が赤十字をつかむエナメル仕上げ図案が中央にあり、裏は無地。この十字章は銀色の長い鎖で首にかけた。

【看護婦または修道女職勤続25年十字章】　同様の十字章だが、中央の白丸に柏葉の縁どりが加わる。

【婦長職献身十字章】　勤続10年十字章と同様だが、金属部分がすべて金色で、金色の鎖で首にかけた。

【上級婦長職献身十字章】　勤続25年十字章と同様だが、金属部分がすべて金色で、金色の鎖でかけた。

【DRK名誉章】　金色柏葉の小さなリース（直径28mm）で、中心部には赤十字をつかむエナメル仕上げの標準型DRK鷲が付く。これは上衣の下襟に佩用した。

DRK看護婦への鉄十字章授与
Iron Cross awards to DRK nurses

　DRKの看護婦はしばしば前線の野戦病院で勤務したが、自らを大きな危険にさらすこともあったため、勇気の証である2級鉄十字章の数少ない女性受章者中、看護婦は大きな割合を占めていた。以下はその代表例である。

　DRK看護婦エルフリーデ・ヴヌークは2級

地方事業部に勤務していた若いBDMの補助婦。褐色のダブルブレストの制服上衣の左袖には、本人の所属大管区名（この場合、中ザクセン（Mitte/Sachsen））の書かれた三角形の所属章、大きな菱形のHJ布章が付き、前腕部には「Landdienst（地方事業部）」のカフ・バンドが見える。エナメル仕上げの小さなHJ団員章が下襟に付いている。(Josef Charita)

鉄十字章を受章した2人目の女性である（有名なテストパイロット、ハンナ・ライチュが最初）。1942年9月の受章理由は、敵の攻撃下でも傷病兵を看護し続け、勇気の範を示したことだった。病院が連合軍の空襲で直撃弾を受けたため、彼女は重傷を負った。この鉄十字章に加え、ヴヌークは1941/42年の東部戦線冬季攻勢従軍章（Medaille Winterschlacht im Osten）、3回ないし4回の負傷に対して与えられる銀級の傷痍章（Verwundetenabzeichen）を受章している。DRK看護婦マクダ・ダルヒニガーは3人目の受章者で（1942年、同様の勇敢な行為に対する授与）、やはり他の2つの章も受章している。DRK看護婦マルガ・ドロストは看護婦としては2人目の受章者で、1942年に9月に2級鉄十字章を受章したが、これはヴィルヘルムスハーフェンの海軍病院で、連合軍の大空襲によって負傷しながらも職務を果たし続けたためだった。

DRK看護婦グレータ・フォックは北アフリカでロンメル軍団に従軍し、敵砲火の下、野戦病院で陸軍の外科医が執刀する難手術の助手を務めた。手術が重要な段階にあったため、フォックは退避壕

児童地方疎開事業に動員されたBDMの少女。ヘッドスカーフとエプロンは私物。HJの菱形章が左袖にないが、三角形の大管区章と、白地に黒の「ティール」ルーン文字のあるパッチは付いている。カフ・バンドに「K.L.V.-Sellin」とあるが、前半は児童地方疎開事業（Kinderlandversickung）の略で、ゼリンは大管区名。（Josef Charita）〔これもルーン文字は「エオロー」〕

への避難を拒み、手術終了まで軍医の傍らに留まり続けた。彼女は1943年4月に鉄十字章を授与された。フォックは北アフリカで2年間勤務したので、「Afrika（アフリカ）」従軍記念カフ・バンドを装用する資格も得た。同月、DRK看護婦イルゼ・シュルツも彼女と並び受章したが、彼女も2年間にわたるアフリカ戦役の全期間に従軍した古参看護婦だった。

DRK補助婦グレーフィン・メリッタ・シェンク・フォン・シュタウフェンベルクは、重度の戦傷を負った傷痍軍人の妻だったが、その夫は1944年6月にヒットラー爆殺未遂事件の咎で処刑された。異能の伯爵夫人フォン・シュタウフェンベルクは、パイロットとしてだけでなく、ボランティア看護補助婦としても才能を発揮した。彼女は恵まれた身分であるにもかかわらず、負傷兵の看護に多大な貢献を果たし、1942年に鉄十字章を授与された。

DRK看護婦リーゼロッテ・ヘンゼルとDRK班長ホルツマンの2名は、1943年8月に連合軍のハンブルク空襲における勇敢な行為に対して鉄十字章を授与された。ホルツマンと彼女の同僚たちは負傷者と罹災者たちを昼夜を問わず看護した。彼女は救急車を自ら運転し、爆弾の降り注ぐハンブルクの大通りを走り抜け、重傷者を病院へ搬送し、多くの生命を救ったのだった。

以下のDRK補助婦たちも、同様に自己犠牲をいとわない勇気に対して、鉄十字章を授与された。DRK看護婦ハンニ・ヴェーバーとゲオリンデ・ミュン

ヒェ（1942年）、DRK看護婦エルフリーデ・グニアとDRK補助婦イルゼ・ダウプ（1944年4月）、DRK看護婦グレータ・グラーケンカンプとルート・ラーベ、女医（ドクトーリン）エリーザベト・ポトゥツ（1945年2月）、DRK看護婦エルフリーデ・ムートとウルズラ・コーゲル、DRK補助婦リーゼロッテ・シュロッターベック、ローナ・フォン・ツェウエルン、アンナ・ヴォールシュッツ（1943年3月）。記録にはDRKに勤務していた外国人志願看護婦2名にも、鉄十字章が授与されたとある。1名は氏名不詳で、陸軍のヴァローニエン（ベルギー人）義勇兵部隊に従軍し、1942年に受章。もう1名はアンネ・グリュンヒルト・モクソネスという名のノルウェー人看護婦で、1944年4月に受章している。

　DRK看護婦とそれ以外の補助婦も多数が戦功十字章を受章しているが、これは敵の不在な場所での功績に対してだった。1級鉄十字章を受章したドイツ人女性は2名しかいない。1名は女性飛行士ハンナ・ライチュで、もう1名は1945年1月に受章したDRK看護婦エルゼ・グロースマンだった。

ドイツ少女同盟
LEAGUE OF GERMAN MAIDENS (Bund Deutscher Mädel)

　ドイツ少女同盟（BDM）は事実上ヒットラー・ユーゲントの女子部で、1941年以降は15歳から21歳までの女子全員が加盟することになっていた。1928年の設立当初、BDMは当時数多く存在していたまったく非政治的な青少年ボランティア団体のひとつにすぎず、同様の組織は諸外国にもあった。両大戦間の時代、英国と米国でも青少年団体の活動が最高潮に達していた。ナチスは1936年に既存のあらゆる青少年団体をヒットラー・ユーゲント（HJ）の傘下に統合し、1939年3月から男子にはHJへの加入が義務づけられた。この処置は2年後、女子にも適用された。

　戦前でもHJの少年たちには軍事教練的な訓練が、将来全員が就くはずの兵役の準備として課されていたが、女子の場合はそうではなかった。戦時中、HJの男子団員は、見張り巡回、空軍高射砲兵の助手など、準軍事的な任務を次々に与えられていったが、BDMの参加は依然認められなかった。とはいえ、彼女たちが大きな役割を果たしたものに、「KLV」事業があった。イギリス同様、ドイツは敵空襲の危険から国内の児童たちを保護する措置を取る必要に迫られていたが、その措置のひとつが、子供たちを目標にされる大都市や工業地帯から安全な地方へ一時的に疎開させる事業だった。多くのBDMの少女たちが児童地方疎開（Kinderlandverschickung）中の子供たちの世話に協力させられた。

　年端もいかないBDM少女（BDM-Mädchen［これは階級名］）への鉄十字章授与は少なくとも1例あった。BDM少女オッティリー・シュテファンは1945年2月にこの勲章を受章したが、経緯は現在のところ不明である。

制服と徽章
Uniform and insignia

　補助婦として働いていたBDMの少女たちの基本的な制服は、ポプリン布製の白い長袖ブラウスで、前は4個のボタンで閉じた。胸ポケットが2箇所あり、戦時型のブラウスでは各2個の小さな真珠貝製ボタンで閉じられた。このブラウスには紺色のスカートを穿いたが、これにはウェストにベルトループが並び、正面中央にプリーツが1本入り、左脇のボタンを留めて穿いた。

女性はヒットラー・ユーゲントの全国幹部も務めていた。この人物は紺の上衣の左袖に「R.J.F.」と書かれたカフ・バンドをしているが、これは帝国青少年指導部（Reichs Jugend F?hrung）の略である。左胸の盾形パッチには銀刺繍で国家徽章があしらわれている。（Josef Charita）

右頁下●SS補助婦。フィールドグレーのウール製上衣は他の補助婦隊が使用していたものとほぼ同様だが、上襟に銀灰色パイピングが付く点が異なり、黒ウール製の制帽は女性専用のデザイン。SS型国家徽章が帽子と左袖上腕部に付く。上衣の左胸ポケットには、銀灰色糸で縁どりとSSのルーン文字が刺繍された黒い楕円形パッチが付く。（Otto Spronk）

SS補助婦のポケット章は黒の台布に、ルーン文字が銀灰色の糸で機械刺繍、あるいは本例のようにアルミニウム金属糸で手刺繍されていた。パッチの縁どりは、撚り仕上げのアルミニウムコードである。下のカフ・バンドは、オーベルレンハイムのSS補助婦訓練学校の職員が着用したもの。
(Otto Spronk)

内袋式の前ポケットが左右にあり、開口部は斜めでボタン留めの蓋が付いた。黒いスカーフを首に巻いたが、これはブラウスに縫い付けられた革製の「ウッグル」ないしネッカチーフを通す輪で締めた。暖かい時期には半袖ブラウスも着られた。寒い時期には、明るい褐色の人造スエード製の丈の短い上衣を着た。これはシングルブレストで5個の前ボタンがあり、腰の背中側左右にハーフベルトが付き、ウェストを調節できた。先端のとがった外巻きのボタン留めタブが袖口にあり、袖口を調節できた。紺色ベルベット製の「ロビン・フッド」型の制帽には徽章類は付かず、白のくるぶし丈の靴下、茶色の靴でBDMの標準服装の完成となった。

左袖上腕部には黒地の三角形に銀灰色の内枠取りのある標章が付き、着用者の所属地区名が銀灰色のゴシック体で書かれていた。このパッチの下には、赤/白の菱形の中央に鍵十字のあるHJ団員章が付いた。この団員章の小型版で、エナメル仕上げの金属製のものが、左胸ポケットにピン留めされることもよくあった。

階級は胸元に装用するコードの色が示していた。コードの一端にあるフックを革製のスカーフ留め輪にかけてから、反対の端を左胸ポケットに差し込んだ。色の割り当ては以下の通りだった。

少女班長（Mädelschaftführerin）　所属する都市/州に割り当てられた2色のコード
少女組長（Mädelscharführerin）　緑
少女団長（Mädelgruppenführerin）　緑/白
婦人会長（Ringführerin）　白
下級婦人大管区長（Untergauführerin）　赤
婦人大管区長（Gauführerin）　赤/黒
上級婦人大管区長（Obergauführerin）　黒
婦人大管区連盟長（Gauverbandführerin）　銀/黒

開戦前、指導者階級には専用の制服が導入された。これは紺色のシングルブレストの背広型上衣で、6個のボタンで前を閉じ、外ポケットはなかった。これにBDMの制服ブラウス、揃いの紺色スカート、紺色のハイヒールを着用した。左胸には、翼を広げ胸に鍵十字を付けた鷲が刺繍された盾形布パッチが付いた。鷲の頭上には団番号が刺繍されていた。以下に示す階級の一部では、銀色と金色のコード縁取りと、同色の金属糸で刺繍された鷲章が階級を示していた。

婦人団長（Gruppenführerin）　パッチ縁取りなし

43

婦人会長（Ringführerin）　細い銀色コードの縁どり
下級婦人大管区長（Untergauführerin）　細い縁どりは2本
婦人大管区会長（Gauführerin）　太い縁どり1本と細い縁どり1本
上級婦人大管区長（Obergauführerin）　細い金色の縁どり2本
帝国婦人会長（Reichsreferentin）　金色の柏葉縁どり

　レーヨン布の帯に「Kinderlandverschickung（児童地方疎開事業）」の文字が機械刺繍されたカフ・バンドが作られた。このカフ・バンドを装用している写真はまれで、男性職員のみである。このバンドのバリエーションで「K.L.V.」の略記の後に都市名か大管区名が続くタイプが作られていたのも知られ、女性職員がBDM上衣の左袖下腕部に装用している写真が残されている。

　BDMが果たしていたもうひとつの役割が地方事業（Landdienst）だった。戦前のこの事業の主な業務は、地方から大都市へ向かう人口流入を抑えることだった。しかし開戦後、職員たちは東部の占領地の「ドイツ化」の支援事業に携わるようになったが、これは基準を満たす若者を徴用して占領地の各地に移住させ、純血ゲルマン人種とともに植民地化に協力させる事業だった。1940年になるとSSはこの地方事業部に多大な関心を寄せるようになった。その目的とは、充分な人種的純粋性を備えた男性を多数徴発し、軍事訓練を施した上で占領地に農民として定住させることにより、その土地を活用すると同時に、東部戦線とドイツ本土の間に防衛用の「緩衝地帯」を設けることだった。

　地方事業部の職員は通常型のBDM制服に機械織りのカフ・バンドを左袖下腕部に装用したが、それには黒の台布に銀灰色のゴシック体で「Landdienst der HJ（HJ地方事業部）」と書かれていた。

SS補助婦隊
SS FEMALE AUXILIARIES (SS-Helferinnen u. SS-Kriegshelferinnen)

　志願者で構成されたSS補助婦隊は、2種類に大別された。通信手たちはSS補助婦隊（SS-Helferinnen）と呼ばれ、一般業務に携わる戦争支援奉仕婦たちはSS戦争支援婦隊（SS-Kriegshelferinnen）と呼ばれた。補助婦には17歳から30歳までの女性が募集され、国防軍の補助婦隊と同種の仕事、すなわち通信関係の業務に主に従事し、無線通信手、電話交換手、テレタイプおよびテレプリンター操作手などを務めた。

制服
Uniforms

　補助婦にはフィールドグレーのシングルブレスト3個ボタン付きの上衣が支給された。上襟には銀色のパイピングが付いていた。この上衣にはボタンなし長方形蓋の付いた裾ポケットが2箇所、胸ポケットが左胸に1箇所付いた。胸ポケットには銀色コードで縁取られた黒い布製パッチが付き、SSのルーン文字が銀灰色糸かアルミニウム金属糸で刺繍されていた。SS型の国家徽

ドイツ帝国郵便（Deutsches Reichs Post）の女性職員。多くの場合、補助婦には男性用の制服類が支給され、女物の制服はなかった。この女性のピークキャップは、普通のDRP男性職員用の帽子である。下襟のピンはNSFK（国家社会主義者飛行軍団）のもので、郵便業務とは無関係。(Robert Noss)

1943年に制定された銀製略章は希少品で、勤務評価の傑出した補助婦に与えられた。この補助婦用の銀製略章は、2年間の研修期間を模範的な態度で務め、優れた勤務成績を達成した者に与えられた。これは受章後に規則違反をすると剥奪された。現在まで実際の受章記録や写真は発見されていない。(Otto Spronk)

章が左袖上腕部に付いた。また少なくとも数人の補助婦の左袖前腕部にSS通信隊の袖章が確認されており、これは黒の菱形パッチに銀灰色で電光をあしらったものだった。この上衣の下には無地の白ブラウスを着用し、ボタンは一番上まで留めたが、ネクタイ、スカーフ、ブローチは付けなかった。揃いのフィールドグレー無地のスカートを穿き、靴は黒色だった。

この制服に被るフィールドキャップは黒のウール製で、ドイツ軍の略帽で一般的な折上げフラップはなかった。補助婦用の制帽は所属組織の男性兵用の略帽に倣って作られるのが一般的だったので、SS補助婦隊のそれは女性用としては異例である。SS型の国家徽章(袖章サイズのもの)がクラウン正面に付いたが、男性用にはあったドクロ章は省かれていた。

オーベルレンハイムにあった特殊補助婦訓練学校に勤務する補助婦は、左袖下腕部にカフ・バンドも装用していた。これは銀灰色糸で縁どりと「Reichsschule-SS」(ライヒスシューレ(帝国学校)SS)の文字が機械織りされた黒のレーヨン布だった。

SS補助婦の表彰用に、特別な記章も用意されていた。1943年7月28日に制定されたSS補助婦用の銀色略章は本物の銀製で、長方形の枠の中央にSSのルーン文字が並び、その両側には柏葉が散りばめられていた。柏葉には左側に「HEL」、右側に「FEN」の文字が重ねられ、つなげると「HELFEN」(補助)という単語になった。この略章は実物が現存しており、銀純度は800と記され[80%]、授与番号らしい数字のあるものも存在するが、どのような賞が設けられていたかの記録は失われたと考えられており、またこの略章を佩用した写真も未だに発見されていない。

SS戦争支援婦の制服も同様だったが、カフ・バンドと胸ポケットのSSルーン文字パッチの装用は、いずれも認められていなかった。彼女たちの職務のひとつに、強制収容所での女性囚人の監視があった。SS戦争支援婦には男性兵士と同じく冷酷な者も少数ながらおり、その多くが戦後、戦争犯罪人として起訴された。

税関補助婦
Customs Auxiliaries (Zoll-Helferinnen)

税関は、補助婦が導入された職業分野で、不明な点が多いもののひとつである。1941年夏、最多でも100名程度の少数の女性たちが、ドイツ赤十字社から税関への転出を志願した。これ以後の採用はなかったとされている。

これらの志願者たちが赴任したのはドイツ国外の各地だったが、そのほとんどが西ヨーロッパだった。総人数が少なかったことから独自の階級制度は設けられず、全員が「補助婦」の階級のまま働いていた。

　制服は、通常型のシングルブレスト3個ボタンのグレーのウール製上衣、揃いのスカート、白ブラウスと黒ネクタイからなっていた。上衣の左袖前腕部には税関のカフ・バンドが付いていた。機械織りの暗緑色の人絹製バンドには、縁どりと翼を少し上に反らせた国家徽章が、アルミニウム金属糸で刺繍されていた。上衣には襟章が付いたが、これは暗緑色の平行四辺形の台布に銀色のギザギザの縁どりが付いているだけで、図案はなかった。この服装ではグレーのフィールドキャップを被った。珍しいことに、補助婦用の制帽では通常省略される国旗色の丸型国家帽章は付いたままだった。クラウン正面のこの帽章の上には、カフ・バンドと同型の機械織りの国家徽章が付いていた。

　　　＊＊＊

　これまで述べた軍および民間/党関連団体の補助婦以外にも、膨大な数の女性が、あらゆる会社や組織でかつて男性が占めていた職業に就いていた。その多くの場合、女性職員専用の制服が支給されることはなく、小サイズの男物の制服を着るしかなかった。本書ではその実例として、女性の鉄道警備員に検札員、対空監視員、警察補助婦などの写真を掲載した。その多くの場合、所属組織の徽章が袖に付いた簡素な作業用ワンピースが支給されただけだった。また帽子も普通の男物なのがほとんどだった。

　軍属の補助婦とは異なり、鉄道補助婦たちに専用の制服や徽章が用意されることはなかったが、不思議なことにドイツで最も希少な表彰記章のひとつが制定されていた。ドイツ鉄道補助婦勤続表彰徽章（Dienstnadel für deutsche Eisenbahnerinnen）である。1944年8月に制定されたこの徽章は、月桂樹葉の楕円形リースの上端に鍵十字が、下端に小さなリボン結びが付き、中央に1枚の翼が生えた鉄道車輪があしらわれていた。寸法は30mm×22mmで、裏側にはブローチピンが水平に取り付けられていた。この記章には勤続に対し3つの等級があった。銅章が3年間、銀章が6年間、金章が10年間だった。最初の授与は1944年10月で、交通相ガンツェンミュラー博士から30名の鉄道補助婦に与えられた。終戦までに授与されたのは、銀章と銅章のみだったと考えられている。

　もうひとつ取り上げておくべきものに、全国商務競技会の成績優秀者章がある。受験できたのは15歳から21歳までの女性に加え、商業学校ないし商業専門学校の卒業生/学生ならば年齢は不問だった。つまり産業界で男性の職域に進出していた女性たちの中には、相当数の受験資格保有者がいた。開戦後、この試験は戦時職能競技会（Kriegsberufswettkämpfe）の名で知られるようになった。試験科目は商務一般、政治学、数学、作文だった。地方級成績優秀者（Kreissieger）、大管区級成績優秀者（Gausieger）、全国級成績優秀者（Reichssieger）にはそれぞれ賞が与えられた。成績優秀者賞の表彰記章は、月桂樹葉の円形リースが白のエナメル仕上げの部分を囲んでいた。中央には歯車をつかむ国家鷲章が付き、歯車の中央にはエナメル仕上げのヒットラー・ユーゲントのマークが入っていた（この賞は若者と

上●帝国国鉄（Reichsbahn）所属の補助婦。帽章は、歯車に囲まれた鉤十字の下に2枚の翼が生えた車輪。左右の上襟には1枚翼の車輪の徽章が付く。ナチ党員章に注意。党員は就職に際し、本人の希望に対して必ず大きな便宜が図られた。（Otto Spronk）

左上●これも帝国国鉄の補助婦で、少々異なる後期型の徽章を付けている。紺色の制帽には一般型の国家徽章と丸型国家帽章があり、新しい襟章はピン留めの2枚翼車輪の下に少し離れて鉤十字が付いたもの。これらの徽章はいずれも女性専用ではない。（Otto Spronk）

は到底いえない人でも取れたのだが）。鷲の上には賞の名称（Reichssieger、Gausieger、Kreissieger）があり、鷲の下に競技会の開催年が入った。金属部分は全国級が金色、大管区級が銀色、地方級が銅色に仕上げられていた。この賞は、国を挙げての戦争支援運動において、ドイツ人女性が自発的ないし強制的に関わらず、男性と同等の地位を占めていたことの証左のひとつである。

　ドイツの女性たちが戦争支援に多大な貢献をしたのは事実であり、また男性同様に辛い苦しみを味わったのも事実だった。空襲はあらゆるドイツの都市が最前線になりうるという潜在的恐怖をもたらした。戦闘区域内で戦死した補助婦は決して少なくなく、それは占領地でもドイツ本土でも同じだった。復讐に燃える赤軍が1945年にドイツの中心部になだれ込むと、その手中に落ちた女性は、一般人、補助婦を問わず、おぞましい体験をしたのだった。

カラー・イラスト　解説
THE PLATES

A1：陸軍通信補助婦隊、高級補助婦、1942年3月以降

　イラストは典型的な陸軍通信補助婦、ブリッツメートヒェン（Blitzmädchen）の姿である。図は基本的な勤務服装で、グレーのウール製の初期型ダブルブレスト上衣とスカート、男性兵士のものに似たフィールドキャップで構成されていたが、帽子のクラウン上端とフラップの「切り欠き」には通信隊の兵科色であるレモンイエローのパイピングが付いた。正式な通信特技官であることを示す「ブリッツ（電光）」章が左袖、帽子左側、ネクタイ用ブローチに付く。1942年3月25日以降の規定による階級章は高級補助婦で、山形章1個と星章1個からなる階級章が左袖の兵科章の下に付いている。左前腕部には黒地に黄色で「NH des Heeres（陸軍通信隊）」の文字の入ったカフ・バンドを巻く。この服装は、黒の靴と黒の革製ハンドバッグで完成する。

A2：陸軍通信補助婦隊、上級指導婦、1942年3月以降

　この通信補助婦隊の上級職員も同じ基本制服を着ている。指揮官階級にあることは制帽上部、襟、帽子と、袖の「電光」章の黄/黒色の撚りコードが示している（低い階級では撚りのない黄色パイピング）。彼女の正確な階級は、襟の銀色縞織の山形章と星章が表している。黒地に銀灰色で「Stab des NH（通信隊本部）」と書かれたカフ・バンドにも注意。

A3：陸軍雑役補助婦、1942～45年

　洗練された服装の指揮官階級の対極にあったのが、地位の低い「雑役補助婦」で、単純労働に従事していた。彼女たちは私服かイラストのようなワンピースを着用したが、陸軍補助婦であることは淡灰緑色で「Wirtschaftshelferin/des Heeres（雑役補助婦/陸軍属）」の2行の文字が書かれた緑色のカフ・バンドが示していた。

B1：陸軍通信補助婦、作業用スモック

　官給品の作業用スモックにはさまざまな色があり、イラストは少し光沢のあるグレーの薄手の布製のもの。白の襟ライナーは洗濯時に取り外せた。国家徽章が右胸に付き、また本例では通信隊の「電光」章が左袖に付いている。陸軍補助婦では規定により国家徽章が付けられたが、空軍補助婦では作業用スモックへの取り付けは禁止されていた。

B2：陸軍通信補助婦、ロングコート

　この補助婦が着ているのは、冬季用に支給された暖かいウール製ロングコートである。男性用ロングコートがふくらはぎ丈だったのに対し、女性用はずっと丈が短かった。ロングコートにも制服上衣と共通の兵科章と階級章が付いた。

B3：国防軍補助婦隊、本部付指導婦、1945年

　三軍すべての補助婦の服装と階級章を統一する1944年11月の通達が実現されれば、国防軍補助婦の最終的な服装はイラストのようになる「予定」だった。1942年に制定された階級章は、幅10mmと5mmの縞織線からなる袖章に刷新されたはずだ。この士官に相当す

剣付戦功十字章を受章し、ポーズをとる3名の陸軍通信補助婦。3名ともグレーの規格型勤務制服にパイピング付きフィールドキャップを着用しているが、右端の補助婦は黄地に黒のカフ・バンドを装用しているようだ。イラストA1参照。
（Courtesy Brian L.Davis）

る補助婦の階級は、環付き細線1条とその上の太線3条により本部付指導婦とわかる。襟と帽子の銀色撚りコードのパイピングは、指揮官階級であることを示す。

C1：航空通信補助婦隊、補助婦、1943年中頃

イラストは通常型の勤務服を着た典型的な空軍通信補助婦。シングルブレスト、3個ボタンの制服上衣は空軍ブルーグレーの布製で、初期型では付いていた布製ウェストベルトはすでに廃止されている。空軍独自型の「飛翔する」鷲と鍵十字からなる国家徽章が右胸に付く。左右の1個の山形章は階級章で、その上の兵科章ないし職種章は正式な通信特技官であることを示す。1条の袖口線章は業務組（Betriebszug）の指揮官であることを示しており、これほど低い階級では異例だが、補助婦隊では軍のように階級と職務が厳密に対応していないこともあった。フィールドキャップは航空機搭乗員のフリーガーミュッツェ（航空兵帽）に似ており、空軍通信隊の兵科色である銅茶色のパイピングが付いた。安全ピン式のネクタイピンは、空軍鷲章の小型版。

C2：高射砲補助婦隊、上級補助婦、1944年

この防空部隊の高射砲兵隊所属の若い女性は、補助婦の通常型勤務服よりも屋外作業にずっと適した機能的な制服を着ている。上衣は「ヒップ丈」ないし四分の三丈で、一体型の布製腰ベルトが付き、大型パッチポケットが裾にある。国家徽章が右胸に付く。右袖の徽章は高射砲補助婦独自のもの。左袖には上級補助婦を示す2個の山形章があり、通常型の職種章がどの階級でも階級章の上に付いた。スカートよりは、丈が長く動きやすいスキーズボンを穿くことが多く、裾は通常の男性用アンクルブーツのくるぶし部でゆったり膨らませることができた。庇付きの野戦帽は男性用のM43統一規格型野戦帽とほぼ同じだが、国家徽章の下に付く丸型国家帽章が通常省かれていた点のみが異なる。

C3：防空警報服務隊、高級補助婦、1944年

防空警報服務隊の基本的な勤務服は、航空通信補助婦隊のものと同様だったが、独自の徽章類が異なっていた。まずフィールドキャップのフラップには、緑色コードのパイピング縁どりがあった。帽子のクラウンと右胸に、機械織りの防空隊章が付いた。また左袖にはコード縁どり付きの緑色台布に、「LSW」の文字とその下に2本の交差する電光があしらわれたパッチが付いた。2条の袖線章は、彼女が小隊規模の隊の指揮官であることを示す。縞織線の棒章とその上の3個の星章は、高級補助婦の階級章。

D1：海軍補助婦隊、海軍高級指導婦、1944年

標準型勤務服を着た海軍属の補助婦。本例は陸軍のグレーの初期型ダブルブレスト制服で、海軍補助婦専用の制服がなかったため流用されたもの。これに紺色の海軍式フィールドキャップ（船内帽）を被っている。1944年以前は、金黄色の海軍型国家徽章がクラウン正面に付いていた。帽子フラップと襟の黄/黒色コード縁どりは、海軍高級指導婦以下の階級の低級指揮官であることを示し、正確な階級は襟の2個の星章から高級指導婦とわかる。黄/黒色の縁どりがブラウス襟にもあるのに注意。左前腕に「Marienhelferin（海軍補助婦）」のカフ・バンドを巻いている。

D2：海軍補助婦、作業服、1944年

これは大戦末期のM44型戦闘服の海軍補助婦版にあたるが、海軍補助婦が事務職よりも屋外で肉体労働を行なうことが多かったために支給されたものらしい。紺のウール製ウェスト丈上衣は陸軍のM44「戦闘服」によく似ており、揃いのスカートを穿いているが、スキーズボンを穿くことも多かったようだ。帽子はM43野戦帽に準じているが、サイドフラップは下ろせない。正面に付くのは国家徽章のみで、丸型国家帽章はない。

D3：海軍補助婦、夏季外出服装、1943年

夏季には半袖の白ブラウスを着ることもよくあり、その場合、揃いの白いスカートを穿くこともあれば、勤務服のグレーのスカートを穿くこともあった。ブラウスに階級章はないが、指揮官階級では付くはずの帽子と襟のコードパイピングがないことから、彼女は最高でも海軍高級補助婦なのがわかる。

E1：ドイツ赤十字社、DRK看護婦、看護服

このドイツ赤十字看護婦が着ているのは看護服の1タイプ。グレーのブラウスには縦にプリーツが何本も入り、白い襟を付け（これは取り外して洗濯可能）、揃いのグレーのスカートを穿いている。通常の看護服では本書に掲載した他の写真のように胸まで覆うエプロンをかけることが多かったが、ここではブラウスのディテールを示すため、腰巻型の作業エプロンをかけた例を示した。左袖にはDRKの赤十字腕章を巻いており、赤十字の周りに黒文字でドイツ赤十字の名称が書かれている。戦時中の看護補助婦では赤

空軍補助婦に支給された布ベルト付きでブルーグレーの「ヒップ丈」上衣の様子がよくわかる写真だが、空軍の照空灯隊員であるこの高射砲補助婦はM43型野戦帽を被っている。山形階級章が1個なのに注意。イラストC2参照。（Courtesey Brian L.Davis）

実用的だが、お洒落でない服装。交通整理にあたるこの警察補助婦は、厚手のワンピース型「ツナギ」を着ており、左袖に警察の制式徽章である鷲章を付けている。イラストG3参照。(Josef Charita)

十字のみの腕章が多かったようだ。右袖上腕部には、「翼を下げた」国家鷲章が所属管区名の上に付いた黒地の三角形パッチが付く。首もとには赤十字のブローチが留められている。おなじみの糊で形を整えた看護帽、白のストッキング、黒の紐靴でこの服装は完成する。ブラウスの合わせの前に留められたリボンは、この看護婦が数少ない2級鉄十字章受章者であることを示しているが、受章理由はおそらく連合軍空襲下での献身的行為だろう。

E2：ドイツ赤十字社、DRK看護婦、勤務服

グレーの勤務制服を構成するのは、対照をなすダークグレーの襟付きのダブルブレストの上衣で、両襟には標準的な赤十字の襟章が付いていた。上衣には通常型の腕章と所属地区章が付けられた。ダークグレーのソフト帽はつばの左側を折り上げてピン留めし、布製かエナメル仕上げのドイツ赤十字社章を付けた。

E3：DRK看護婦、北アフリカ、1943年

南方に配属された看護婦は、カーキ色のブッシュジャケットとスカート、それに白の規格型ブラウスを着用した。胸ポケットのボタンは1個のみで、裾ポケットのボタンは2個だった。イラストは北アフリカ戦役に長期従軍し、各種の勲章を受章した看護婦のひとりである。左袖下腕部に「AFRIKAKORPS（アフリカ軍団）」カフ・バンドを装用し、第2ボタン穴の鉄十字章のリボンと、黒い傷痍章を佩用している。元来の所属地区章が右袖上腕部に残っている。白の看護帽に、赤十字と「RK」の文字が交互に並ぶ細い帽帯が付いているのに注意。

F1：ドイツ少女同盟、BDM少女

この10代のヒットラー・ユーゲント女子青年団員は、児童地方疎開事業（K.L.V.）で児童の世話にあたっていた。BDMの規格型白ブラウスに革製留め輪でネクタイを締め、紺のスカート、冬季用の合成スエード製上衣を着ている。左前腕部には銀灰色で「K.L.V.-Sellin」の文字のある黒いカフ・バンドを装用している。左袖中ほどに大きな布製の「ヒットラー・ユーゲント」菱形章を付け、その上には通常型の所属管区章が付く。

F2：帝国労働奉仕団、RAD女子高級指導婦

帝国労働奉仕団の明褐色をした補助婦制服は、対照的な暗褐色の襟の付いたウール製上衣、揃いの明褐色のスカート、明褐色の帽帯が巻かれた暗褐色のソフト帽からなっていた。襟を縁取る銀色のパイピングは指揮官階級であることを示し、左袖上腕部の布製盾章は本人の所属団体を示していた。首もとのブローチは階級により細部が異なった。女子高級指導婦のそれは銀色で、縁に「縄目」模様が付いた。標準型のRAD帽章は、ソフト帽の右側に付いた。

F3：国家社会主義者婦人会、全国幹部

このナチ党の政治団体は、福祉事業とプロパガンダ活動に深く関わっていたことから、戦争推進に協力した補助婦隊の一種とした。基本的な制服は洗練された紺色のスーツに、ソフト帽と白のブラウスを組み合わせた。左袖上腕部には銀の金属糸で刺繍された国家徽章が、左袖前腕部には「Reichsfrauenschaft（帝国婦人会）」の銀文字が書かれた紺色のカフ・バンドが付いた。これは推測するところ、党の全国幹部の制服だったらしい。バンドには大管区名が書かれるのが一般的である。上衣の左胸には、党員章とNS-Frauenschaft（国家社会主義者婦人会）のエナメル仕上げの三角形バッジが付けられた。

G1：SS補助婦隊、オーベルレンハイム帝国学校、補助婦、1943年

SS補助婦の勤務服はフィールドグレーのウール製スーツで、上衣はシングルブレストだった。襟色の明度と銀灰色の襟パイピングを除けば、大戦後半期の国防軍の補助婦の制服に似ていた。銀灰色のSS型国家徽章の付く黒のフィールドキャップは、女性専用のデザインだった。国家徽章は左袖上腕部にも付き、左胸ポケットにはSSのルーン文字が書かれた楕円形パッチを全員が付けていた。写真によれば、武装SSの正式な通信特技官であることを示す袖パッチが付くこともあり、その位置は「Reichsschule-SS」訓練学校のカフ・バンドのすぐ上だった。

G2：国境警備隊税関、税関補助婦、西ヨーロッパ、1943年中頃

補助婦隊で最も小規模だったもののひとつが、国境警備隊の税関だった。グレーのウール製スーツがこの補助婦の一般的な勤務服だった。男性職員と同じカフ・バンドを巻いたが、これは緑色の台布帯にアルミニウム金属糸で刺繍されていた。襟章は無地の緑色で、縁の内側にギザギザの縁どりがアルミニウム糸で施されていた。フィールドキャップに税関型の国家徽章と国旗色の丸型国家帽章が付いて

空軍の電話交換手たち。左側の女性は電話交換手の職種章を、補助婦の階級を示す環付き山形章1個（1941年中頃～1944年中頃）の上に付けているが、袖口の線条から小隊に相当する組（Zug）の指揮官であることがわかる。右手前の補助婦は、補助婦の階級を示す山形章1個の上に、対空監視員を示す職種章を付けている。これらの徽章類は、いずれもイラストHを参照のこと。（Courtesy Brian L.Davis）

いるが、これは例外的である。

G3：警察補助婦、1943年中頃

補助婦の服装は、男性用の制服類がそのまま支給されるか、勤務用制服は何も定められずにワンピース型の作業服を着ているだけかのいずれかが多かった。この警察補助婦は灰緑色をした薄手のワンピース型作業服を着ており、プリーツ入りのパッチポケットが両胸に付く。左袖上腕部にはリースに囲まれた標準型の警察型鷲袖章が、フィールドグレーの台布にエナメルドグリーンであしらわれていた。フィールドキャップには警察グリーンのパイピングが施され、警察規格型の鷲章が銀灰色でフラップ正面に付く。一部の警察補助婦が、軍属補助婦の制服であるグレーのウール製スーツを着ていたことも知られている。

H：補助婦隊の徽章と表彰記章

H1～H9：1944年11月に定められた国防軍補助婦隊の最終型の階級章。(1) 上級補助婦（Oberhelferin）、(2) 高級補助婦（Haupthelferin）、(3) 軍務指導婦（Truppführerin）、(4) 上級軍務指導婦（Obertruppführerin）、(5) 業務指導婦（Dienstführerin）、(6) 上級業務指導婦（Oberdienstführerin）、(7) 高級業務指導婦（Hauptdienstführerin）、(8) 本部付指導婦（Stabsführerin）、(9) 上級本部付指導婦（Oberstabsführerin）。

H10～H14：1940年8月から1941年7月まで使用された空軍補助婦隊の階級章。(10) 補助婦（Helferin）、(11) 上級補助婦（Oberhelferin）、(12) 高級補助婦（Haupthelferin）、(13) 指導婦（Führerin）、(14) 上級指導婦（Oberführerin）。

H15～H21：1941年7月から1944年6月まで使用された空軍補助婦隊の階級章。(15) 補助婦（Helferin）、(16) 上級補助婦（Oberhelferin）、(17) 高級補助婦（Haupthelferin）、(18) 指導婦（Führerin）、(19) 上級指導婦（Oberführerin）、(20) 高級指導婦（Hauptführerin）、(21) 本部付指導婦（Sabsführerin）。

H22：全国級商務競技会の全国級成績優秀者章。

H23：ドイツ国鉄補助婦の勤務表彰ピン章。この希少な記章には、金銀銅の種類がある。

H24：戦争支援奉仕を務める帝国労働奉仕女子青年団（RADwJ）の団員章。

H25～H27：21歳以下のRAD女性職員の階級章ブローチ。(25) 縁に装飾のない若年指導婦（Jungführerin）用、(26)「畝」模様付きの女子指導婦（Maidenführerin）用、(27)「縄目」模様付きの本部付高級指導婦（Stabshauptführerin）用のもの。

H28：帝国労働奉仕女子青年団の団員章。

H29：21歳から35歳までの婦人用の、帝国労働奉仕女子青年団銀級団員章。

H30：空軍高射砲補助婦隊の右袖章。

H31：空軍本部付補助婦隊の右袖章。

H32：海軍補助婦隊のブローチ。

H33：陸軍通信補助婦隊のブローチ。

H34：空軍の民間人章（Zivilabzeichen）。

H35：看護婦または修道女職勤続10年十字章。

H36～H44：空軍の訓練修了済み航空通信補助婦隊の職種（兵科）章。(36) 無線手、(37) テレタイプ操作手、(38) 電話交換手、(39) 対空監視員、(40) 通信指揮官、(41) 通信隊員、(42) 方向探知機操作手、(43) 聴音器操作手、(44) 照空灯操作手。

◎訳者紹介 | 平田光夫（ひらた みつお）

1969年、東京都出身。1991年に東京大学工学部建築学科を卒業、一級建築士の資格を持つ。5歳頃から模型が趣味に。2003年『アーマーモデリング』誌で"ツィンメリットコーティングの施工にはローラーが使用されていた"という理論を発表、模型用ローラー開発のきっかけをつくり、現在は同誌で海外モデラーのレポート翻訳を手がけている。訳書に『第三帝国の要塞』『英仏海峡の要塞1941-1945』（いずれも小社刊）がある。

世界の軍装と戦術 3

第二次大戦のドイツ軍婦人補助部隊

発行日	2007年7月25日　初版第1刷
著者	ゴードン・ウィリアムソン
訳者	平田光夫
発行者	小川 光二
発行所	株式会社大日本絵画 〒101-0054 東京都千代田区神田錦町1丁目7番地 電話：03-3294-7861 http：//www.kaiga.co.jp
編集	株式会社アートボックス http：//www.modelkasten.com/
装幀・デザイン	八木 八重子
印刷/製本	大日本印刷株式会社

©2003 Osprey Publishing Limited
Printed in Japan
ISBN978-4-499-22940-1

World War II German Women's Auxiliary Services
Gordon Williamson
First Published In Great Britain in 2003,
by Osprey Publishing Ltd, Elms Court,
Chapel Way, Botley Oxford, OX2 9Lp.All Rights Reserved.
Japanese language translation
©2007 Dainippon Kaiga Co., Ltd